六自由度并联平台
结构参数优化与控制技术

武光华　张　品　著

机 械 工 业 出 版 社

本书以六自由度并联平台为研究对象，内容包括并联平台的运动学分析、动力学分析、驱动系统设计、结构优化设计、动力学建模、控制策略设计、仿真实验及实物验证等。本书在阐述基本理论和所提方法的同时，基于实际并联电动平台设计了大量的实验对理论和方法进行验证，并对实验步骤和实验结果进行了详细的分析。因此，本书既适用于并联机构的理论研究，又适合指导并联机构的工程应用。

本书可供高等院校机械、自动化、机器人、智能制造等相关专业的师生阅读，也可作为相关领域工程技术人员与科研工作者的参考用书。

图书在版编目（CIP）数据

六自由度并联平台结构参数优化与控制技术 / 武光华，张品著. -- 北京 : 机械工业出版社，2025. 2.
ISBN 978-7-111-77777-9

Ⅰ. TH112. 1

中国国家版本馆 CIP 数据核字第 2025121EN4 号

机械工业出版社（北京市百万庄大街 22 号　邮政编码 100037）
策划编辑：刘本明　　责任编辑：刘本明
责任校对：潘　蕊　张亚楠　　封面设计：张　静
责任印制：刘　媛
北京富资园科技发展有限公司印刷
2025 年 5 月第 1 版第 1 次印刷
169mm×239mm · 9. 25 印张 · 152 千字
标准书号：ISBN 978-7-111-77777-9
定价：69. 00 元

电话服务　　网络服务
客服电话：010-88361066　　机　工　官　网：www. cmpbook. com
010-88379833　　机　工　官　博：weibo. com/cmp1952
010-68326294　　金　书　网：www. golden-book. com
封底无防伪标均为盗版　　机工教育服务网：www. cmpedu. com

前 言

六自由度并联平台属于典型的并联机构。由于基座与末端执行器之间具有环状的闭链约束，它具有运动惯量低、负载能力强、刚度大等优点，逐渐成为并联机构及并联机器人领域的研究热点。过去，研究的主要精力大都放在并联平台的机构学设计和运动学分析上。随着对并联平台控制性能要求的不断提高，仅通过机构学设计和运动学分析所得到的系统性能不再能够满足要求，产生了并联平台结构参数优化设计及动力学控制研究的需求。与机构学和运动学研究不同，结构参数优化是针对基本的结构参数和典型的应用场景从多参数、多约束及多目标的优化设计数学模型的角度开展研究工作。动力学控制是在机构学设计、运动学分析和结构参数优化完成之后，基于已经形成的系统动力学模型，从系统控制的角度，根据某种控制理论，通过外加控制信号对系统的被控变量进行自动控制，来实现所期望的系统性能。目前，一些特殊使用场景，比如飞行员飞行模拟训练、汽车性能模拟测试、舰船武器稳定平台测试等，对系统性能要求越来越高，有关并联平台结构参数优化与控制的研究也具有更加重要的理论与实际应用价值。

本书专门针对进一步提高并联平台优化设计方法和控制性能改进，从多目标优化、系统控制角度来进行研究。从机构学分析和运动学建模开始入手，建立强耦合非线性运动学正解方程组，应用同伦连续法进行求解，求解过程中应用预估-校正法而非传统的欧拉法，提出工程中比较实用的虚拟样机仿真分析法来求解并联平台运动学正反解问题。利用牛顿-欧拉（Newton-Euler）法并结合达朗贝尔（D' Alembert）原理，建立并联平台完整动力学模型，分析比较完整动力学模型的三种简化方法，并建立驱动系统数学模型，推导包含电气驱动部分在内的铰点空间动力学模型。建立多参数、多约束及多目标的优化设计数学模型，提出优化并联平台结构参数的新方法。本书还对并联平台进行了迭代学习控制与滑模变结构控制研究，提出一种新的应用于并联平台控制的迭代学习滑模变结构集成复合控制策略，分别从不同的角度，采用不同的方法来寻求不断提高系统性能的控制策略，所提的所有控制策略均给出详细的分析与设计过程，以及相关的理论证明，并在实际系统上进行了协同式虚拟样机联合仿真实验和实物样机验证，有效地解决了并联平台中机构本身参数的不确定性、系统非线性及轨迹扰动等因素对系统性能的影响，极大地提高了并联平台的控制性能。

本书由吉林工程技术师范学院武光华、陆军工程大学张品共同撰写。

本书得到了吉林省科技发展计划重点研发项目（20230201118GX）及吉林省教育厅科学研究重点项目（JJKH20251194KJ）的大力支持，在此深表感谢！

由于作者水平有限，本书不妥与不足之处在所难免，敬请广大读者批评指正。

目录

前言
第 1 章　概述 ………………………… 1
1.1　并联机构的起源 ………………… 1
1.2　并联机构的特点 ………………… 3
1.3　并联机构的应用 ………………… 4
1.4　并联机构国内外研究现状 ……… 7
1.5　并联机构的动态仿真 ………… 11
第 2 章　六自由度并联平台运动学 ……………… 12
2.1　引言 ………………………… 12
2.2　六自由度并联平台运动学理论 ………………………… 13
2.2.1　广义坐标与变换矩阵 …… 13
2.2.2　控制点变换 ……………… 15
2.3　六自由度并联平台运动学反解 ………………………… 17
2.3.1　动平台速度与加速度 …… 19
2.3.2　运动学反解 ……………… 20
2.3.3　电动缸速度、加速度与伸缩速度、加速度 ……… 21
2.3.4　电动缸角速度和角加速度 ……………………… 26
2.3.5　滚珠丝杠角速度和角加速度 ……………………… 28
2.4　六自由度并联平台运动学正解 ………………………… 28
2.4.1　同伦连续法思路 ………… 29
2.4.2　同伦路径搜索 …………… 30
2.4.3　同伦连续法流程 ………… 31
2.4.4　正解方程组的求解 ……… 32
2.5　六自由度并联平台运动学仿真求解方法 ……………… 33
2.5.1　功能虚拟样机建模 ……… 33
2.5.2　运动学仿真方法 ………… 35
2.5.3　运动学仿真分析方法结论 ……………………… 39
第 3 章　六自由度并联平台动力学与驱动系统 …………… 40
3.1　引言 ………………………… 40
3.2　六自由度并联平台动力学理论 ………………………… 41
3.3　六自由度并联平台逆动力学 ………………………… 42
3.3.1　并联平台动力学完整模型 ……………………… 42
3.3.2　并联平台动力学简化模型 ……………………… 50
3.3.3　动力学模型仿真对比 …… 51
3.4　六自由度并联平台驱动系统与模型建立 ……………………… 53
3.4.1　驱动方式 ………………… 53
3.4.2　伺服驱动系统 …………… 54
3.4.3　伺服驱动器的配置 ……… 54
3.4.4　执行机构设计 …………… 55
3.4.5　PMSM 数学模型的建立 … 56
第 4 章　六自由度并联平台多目标优化设计 …………… 60

4.1 引言 …… 60
4.2 六自由度并联平台性能指标 …… 61
4.2.1 雅可比矩阵 …… 62
4.2.2 灵巧度 …… 65
4.2.3 工作空间 …… 66
4.2.4 电动缸伺服带宽 …… 70
4.2.5 刚度与固有频率 …… 71
4.2.6 奇异性 …… 76
4.3 六自由度并联平台优化模型建立 …… 79
4.3.1 设计变量 …… 80
4.3.2 约束条件 …… 80
4.3.3 目标函数 …… 81
4.4 改进实值自适应遗传算法 …… 83
4.4.1 实值编码与搜索空间的确定 …… 83
4.4.2 遗传算子的确定 …… 84
4.4.3 约束条件的处理 …… 85
4.4.4 适应度函数的确定 …… 85
4.4.5 改进自适应遗传算法 …… 86
4.4.6 多目标优化问题求解 …… 87
4.5 六自由度并联平台优化结果与验证 …… 89
4.5.1 工作空间验证 …… 89
4.5.2 干涉性与奇异性验证 …… 89
第5章 六自由度并联平台控制技术 …… 93
5.1 引言 …… 93
5.2 六自由度并联平台基本控制策略 …… 94
5.2.1 铰点空间控制 …… 94
5.2.2 铰点空间改进控制 …… 95
5.2.3 计算力矩控制 …… 96
5.3 六自由度并联平台迭代学习滑模变结构控制策略研究 …… 98
5.3.1 迭代学习控制 …… 98
5.3.2 滑模变结构控制 …… 102
5.3.3 基于迭代学习的滑模变结构控制策略 …… 105
5.3.4 迭代学习滑模控制仿真对比分析 …… 107
第6章 六自由度并联平台联合仿真及实验 …… 111
6.1 引言 …… 111
6.2 六自由度并联平台样机的建立 …… 112
6.2.1 虚拟样机的建立 …… 112
6.2.2 实物样机的研制 …… 112
6.3 六自由度并联平台固有频率测试实验 …… 123
6.4 六自由度并联平台联合仿真及实验研究 …… 127
6.4.1 协同式联合仿真原理分析 …… 127
6.4.2 并联平台控制策略验证 …… 130
附录 并联平台运动系统技术性能指标 …… 138

第1章

概　述

1.1　并联机构的起源

六自由度并联运动平台结构可以归属为空间并联机构，对于并联机构的研究可以追溯至19世纪初。

并联机构（Parallel Mechanism）是空间机构学的一个重要分支。它是具有多个运动自由度，且驱动器分配在不同环路上的闭式多环机构。

1813年，法国学者柯西（Cauchy）研究了关节连接形式的“八面体”结构，这是目前所知道的最早的关于并联机构方面理论研究的记录。而博内夫（Bonev）认为真正意义上的并联机构起源于娱乐设备专利。1928年，格威内特（Gwinnett）提出一种基于球面并联形式的多自由度娱乐设备，并在1931年获得此结构的专利，如图1-1所示，这可能是第一个多自由度并联机构设备。美国的波拉德（Pollard）父子于1940年前后提出了第一台工业用并联机构。英国人高夫（Gough）在1949年设计出一种能够测试飞机轮胎性能

图1-1　多自由度并联机构娱乐设备

的装置，即第一台六自由度并联机构设备，如图 1-2 所示。而学术界真正对并联机构有所了解始于 1962 年高夫发表的学术论文，因此它成为并联机构发展的一个转折点。

图 1-2 高夫设计的轮胎测试并联机构

1962 年，在高夫学术的影响下，美国人卡佩尔（Cappel）发明了类似的并联机构，并在 1967 年申请了专利，不久林克（Link）飞行模拟器制造公司得到了卡佩尔的专利授权，制造出世界上第一台商用飞行模拟器，如图 1-3 所示。1965 年，斯图尔特（Stewart）发表了题为“A Platform with Six Degree of Freedom”的学术论文，并提出应用于飞行模拟器，如图 1-4 所示，当时在学术界引起极大的轰动，因此学术界称该机构为 Stewart 平台。之后到 70 年代初期，在运动模拟装置设计尤其是飞行模拟器设计方面，取得了一系列研究成

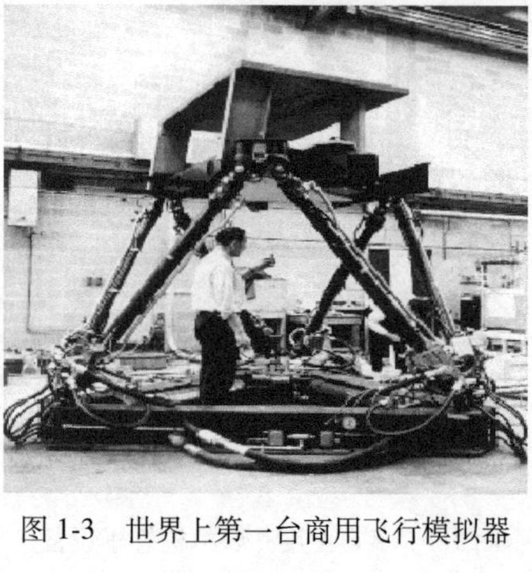

图 1-3 世界上第一台商用飞行模拟器

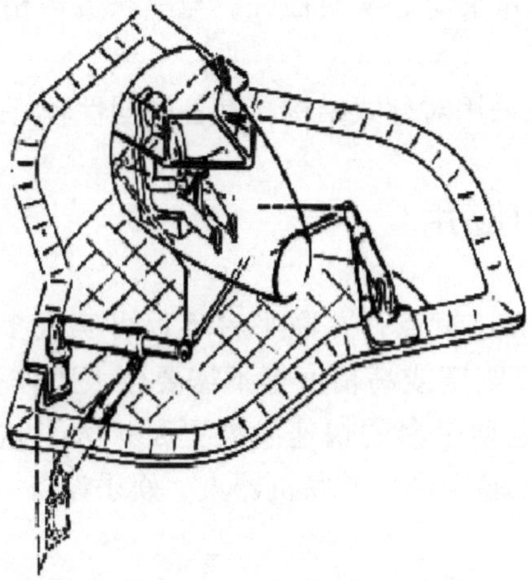

图 1-4　斯图尔特设计的飞行模拟器

果。1978 年，澳大利亚机构学家亨特（Hunt）提出把 Stewart 并联机构应用到工业领域中，从此并联机构的相关研究大范围展开。

机构学理论的不断深入及计算机控制技术的快速发展，进一步促进了并联机构的应用。从 20 世纪 80 年代开始，国内出现一大批研究并联机构的院校、研究所等单位，并联机构的研究人员越来越多，应用范围也越来越广泛，并联机构逐渐成为机构学研究的重点。

1.2　并联机构的特点

与串联机构相比，并联机构具有一些独特的优点，引起了国际学术界的广泛关注，这使并联机构广泛应用成为可能。六自由度并联机构的特点如下：

1）刚度大、结构稳定。与串联机构的悬臂梁相比，并联机构平台通过六个驱动杆支撑。

2）结构紧凑、承载能力强。由于并联动平台通过六个单独的运动支链与固定平台相连接，因此结构较紧凑，较串联机构具有更高的承载能力。

3）误差较小、精度高。由于并联机构每个支链都能单独构成闭环回路，因此不存在误差的累积和放大。

4）动力性能好，甚至在尺寸增大时仍保持好的动力学特性。并联机构可以将驱动机构置于机座上，减小了运动负荷，而串联机构的驱动电机及传动系统大都放在运动中的大小臂上，增加了系统的惯性，动力性能较差。

5）运动学反解求解简单、实时性好。与串联机构相比，并联机构运动学反解简单，正解困难。

6）并联机构往往采用对称式结构，其各向同性较好。

1.3 并联机构的应用

基于并联机构的上述特点，并联平台不仅可实现多自由度的方位运动，还可在具有大负载、高刚度或高精度等不需要较大工作空间的领域中广泛应用。特别是近年来，电动平台的快速发展更是扩大了这一领域的应用范围，如各类模拟器、仿真试验平台、并联机器人、娱乐设备、航空航天设备等。

1. 运动模拟器

运动模拟器属于地面模拟各种运动状态的仿真设备。并联运动平台作为各类运动模拟器的运动载体，能够为其提供振动冲击及过载等各类动感信息，实时模拟各种位姿的变化情况，使运动仿真更加逼近真实运动，因此称该系统为运动模拟器的动感子系统。目前，六自由度并联运动平台已广泛应用于各类模拟器中，如飞行模拟器、舰船模拟器、汽车模拟器、特种车辆模拟器、地震模拟器等，如图 1-5 所示。

a) 飞行模拟器　b) 舰船模拟器　c) 汽车模拟器

d) 特种车辆模拟器　e) 地震模拟器　f) 地震仿真模拟平台

图 1-5　各类运动模拟器

2. 并联机床

并联机构是并联机床的理论和结构基础，六自由度并联平台是并联机床最初的原型结构，因此并联机床是一种基于并联机构原理并结合现代机器人技术和机床技术而产生的新型数控机床，其基本结构特征是并联。20 世纪 80 年代末，在并联机构深入研究的基础上，提出了并联机床的概念，图 1-6 所示为燕山大学研制的并联机床，图 1-7 所示为吉林大学研制的虚拟轴机床。基于并联机构的优点，并联机床很快成为并联机构国内外研究的一大热点。

图 1-6　燕山大学研制的并联机床

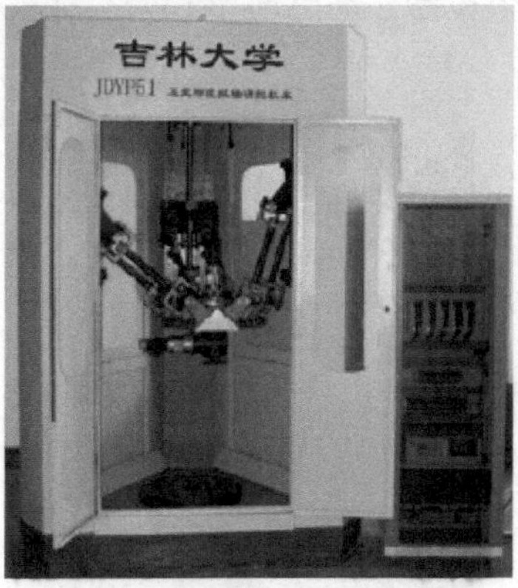

图 1-7　吉林大学研制的虚拟轴机床

3. 并联机器人

并联机构另一个重要的研究领域就是并联机器人。并联机器人在空间对接仿真技术方面得到了广泛应用，它可以作为航天器的对接机构，图 1-8 所示为苏联研制的空间对接半物理仿真并联机构，所涉及的技术和理论非常复杂，

图 1-8　空间对接并联机构

目前应用该机构进行空间对接的有美国、俄罗斯、欧洲航天局和日本等；在工业中，主要应用于装配、加工等方面，如将并联机器人用于汽车总装线上自动安装车轮部件，图 1-9 所示为在饼干包装生产线上的应用；在日常生活中，并联机构还被用于医疗机器人、微动机器人等。

4. 娱乐设备

娱乐模拟器是并联机构在生活领域中的实际应用，它能提供全方位的真实感受。目前国内外游乐场所出现了不少这种模拟器，如航海体验馆、UFO 体感模拟器、动感电影和太空穿梭机等娱乐平台，如图 1-10 所示。

图 1-9　并联机器人包装生产线

图 1-10　动感电影运动座椅

5. 并联机构的其他应用

并联机构也在其他领域获得了不同程度的应用，如用于设备振动实验及性能测试，图 1-11 所示的振动实验系统可实现三轴向分别或同时振动，完成振动实验；图 1-12 所示的雷达仿真转台可用于模拟载机在进行空战状态下的

图 1-11　振动实验系统

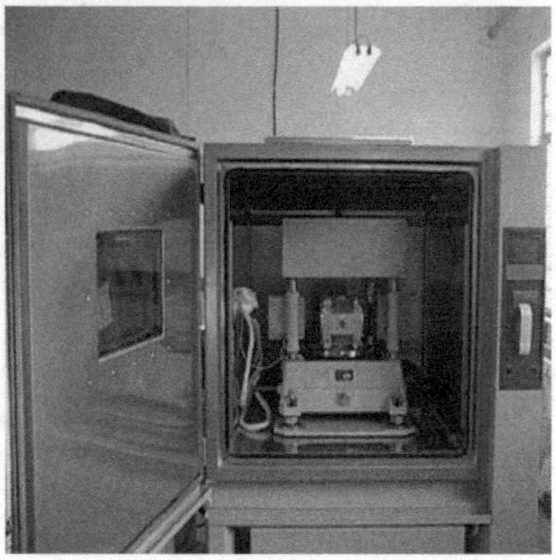

图 1-12　雷达仿真并联转台

角运动。除此之外，并联机构还可用于天文望远镜的调姿，以取代球面坐标转动机构，如图 1-13 所示；燕山大学研制的可用于机器人手腕或手指的六维力传感器也使用了并联机构，如图 1-14 所示。

图 1-13 并联机构天文望远镜

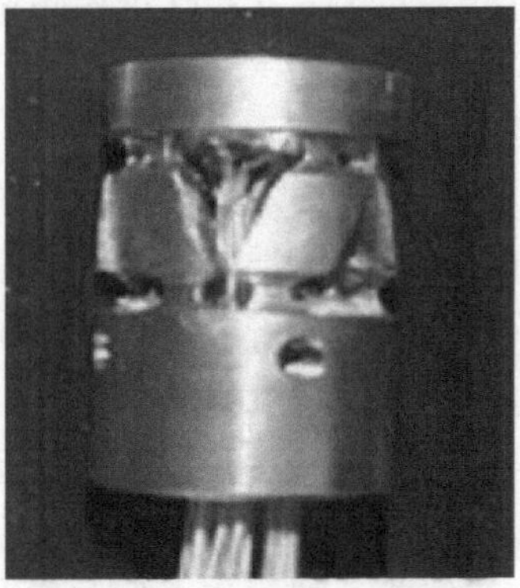

图 1-14 并联六维力传感器

1.4 并联机构国内外研究现状

目前，随着机构学、机器人学、电机学、控制技术等基础理论的不断深化，并联机构研究热点与难点主要体现在以下方面：

1. 机构型综合分析

机构创新是机械设计中永恒的主题，机构型综合是并联机构理论研究和应用的基础性工作，也是最具原始创新性的工作。构型综合不仅能综合出现有的构型，而且还能综合出新的并联机构构型，它包括机构的自由度、运动副数目、构件数目、运动副种类及其组合方式的确定等内容。构型综合依据分析环节的不同，可分为：拓扑综合，即根据设计的不同要求，寻找合适的构件与关节的组合方式；尺度综合，即确定机构适当的尺寸。由于并联机构可能的组合方式较多，其拓扑综合分析相对比较复杂。当前，并联机构拓扑一般不考虑其他性能指标，只是根据要实现的自由度进行，因此缺陷也较多；尺度综合就是依据并联机构的性能，分析综合出合理的尺度参数值。由于并联机构性能指标较多，且相互关联、相互影响，现有的尺度综合方法一般都无法适应设计参数过多的问题。因此，目前这一领域已经成为并联机构研究的热点，许多学者都在致力于寻找一种具有普遍意义的构型综合方法，主要包括基于李群理论的机构综合方法、基于螺旋理论的机构综合方法、基于机械系统整体功能的机构综合方法等，利用这些不同的方法都综合出了许多重要的机构系列。从数学本质上分析，不管从什么方法入手，得出那些可行的、正确的机构应该是一样的，可以预言：并联机构型综合的研究，将会产生更多的新型并联机构，而对这些并联机构的优化设计及运动学、动力学理论的分析研究，必将丰富并联机构领域的研究成果，进一步扩大并联机构的应用范围。

2. 运动学分析

运动学分析是实现结构参数优化与铰点空间控制的前提，同时也是其他方面研究的基础，主要研究内容有位置分析、速度与加速度分析、工作空间分析、奇异位形分析、灵巧度分析、力矩传递性能分析及运动学标定等。这些性能指标不仅与机构尺寸有关，而且与运动位形也息息相关。

（1）位置分析 位置分析是运动学分析最基本的任务，也是机构其他性能指标分析的基础，它包括两个基本问题：机构位置的正解和反解问题。串联机构的位置正解简单，反解复杂；而并联机构却反解容易，正解困难。但位置正解又具有重要意义：在以工作空间为目标的机构尺寸优化、机构运动的奇异位形、机构的零位标定、输出误差分析以及控制等方面，都希望获得并联机构的位置正解。对正解而言需解决两个问题：找到实际唯一的解；实时在线解算。因此，位置正解一直是并联机构研究的一大热点，也是一个世界性的难题，正解问题现在仍未完全解决。综合众多文献，正解问题的解决方法主要有：数值解法、解析解法、神经网络法、附加传感器法等。

（2）速度与加速度分析 速度、加速度分析常用方法有矢量法、张量法、旋量法和网络分析法等。在并联机构速度、加速度分析中，模型化的技术和分析还未有效建立起来。在理论上，一般是对位置运动方程进行求导从而得到速度、加速度方程，但由于位置运动方程本身就很复杂，要想求其一阶、二阶微分方程有时很难实现。

（3）工作空间分析 设给定参考点是动平台执行器的端点，工作空间就是该端点在空间可以到达的所有点的集合。工作空间是并联机构的工作区域，它是衡量并联机构性能的重要指标，而影响工作空间的因素很多，主要有：驱动杆的长度、转动副的转角、杆件的尺寸干涉等。并联机构的工作空间较为复杂，而且存在一个很大的缺点就是相对串联机构而言工作空间较小；同时由于平移和旋转的耦合使工作空间计算困难，很大程度上依赖机构位置解的研究成果；又由于并联机构运动副和运动链的多样性，导致了并联机构的多样性，不同结构的并联机构其工作空间的求解方法也不尽相同。因此，很难找出适合某种特定结构并联机构工作空间的求解方法。根据国内外有关并联机构的研究现状，可把并联机构工作空间的分析方法归纳为作图法、解析法和数值法等。虽然这方面研究也在不断深入，但仍缺少快速、准确计算并联平台最大运动边界的方法。因此，寻求更容易、更通用的计算方法求解工作空间成为研究的重点之一，如：提出一种详尽而又易于使用的工作空间描述方法；寻求一种简单有效的求解工作空间的解析建模方法；研究各种奇异性对工作空间的分割情况；研究并联机构工作空间的综合；对并联机构基于位置正解的工作空间分析等。

（4）奇异位形分析 奇异位形分析是评价并联机构运动精度和静力学性能的基础，通常利用雅可比矩阵的奇异值进行奇异位形分析。奇异位形，即所谓的病态位置，是并联机构的固有性质。当并联机构处于奇异位形时，其操作平台具有多余的自由度，机构将失去控制，同时，关节驱动力将趋于无限大，从而造成并联机构的损坏，因此在设计和应用并联机构时应该避开奇异位形。从理论上分析，当并联机构处于奇异位形时，其雅可比矩阵成为奇异阵，行列式为零，机构的速度反解不存在。实际上，并联机构不但应该避免奇异位形，而且也应该避开奇异位形附近的区域，因为在此范围内机构的运动传递性很差。并联机构奇异性的快速检测和避免方法成为有关并联机构奇异性研究的一个重要方向。

（5）灵巧度分析 衡量并联机构运动失真程度的指标称为灵巧度，该问题是确认工作空间对任务轨迹的包容性问题。目前，计算灵巧度的方法，有 Salisbury 等提出的雅可比矩阵条件数和 Yoshikawa 提出的雅可比矩阵与其转置的乘积的行列式两种方法。但 Yoshikawa 提出的方法矩阵行列式的值不能代表矩阵求逆的精度和稳定性，因此有一定的缺陷。目前多采用 Salisbury 等提出的矩阵条件数法。当条件数等于 1 时，机构具有最好的传递性能，即所谓的运动学各向同性；当条件数为无穷大时，则处于奇异位形。根据 Salisbury 等提出的方法，矩阵条件数的值越小越好，且能定量地反映矩阵求逆的稳定性和精度，因此用矩阵条件数来表示并联机构的灵巧度是比较合理的。

（6）力矩传递性能分析 并联机构运动学研究除涉及运动学求解与奇异性分析外，还包括力矩传递性能分析。力矩传递性能决定了并联机构的工作负荷能力，与并联机构的实际应用密切相关。力矩传递性能反映的是并联机构末端执行器上的广义力与驱动器关节输出的驱动力之间的关系。广义力随着并联机构运动位形的变化而变化，所以研究的重点围绕性能指标与机构尺寸之间的关系进行。

（7）运动学标定 从机构学角度，多运动链结构能够抵消关节误差累积效应，因此具有高精度的优点，但有加工误差和装配误差存在。为了解决这个问题，通常采用标定的方法来估计并补偿并联机构运动学参数的误差，以提高并联机构运动学模型的精度。目前标定方法分为两类：外部标定法和自标定法。

3. 动力学分析

并联机构动力学分析比较复杂，包括惯性力计算、受力分析、驱动力矩分析、约束反力分析、动力学建模等。由于并联机构中存在多个闭环运动链，具有一定的耦合性，与串联机器相比，其动力学建模比较复杂，而在实物样机建立前对并联机构进行动力学建模和仿真研究是预见其动力学行为的有效方法。并联机构动力学建模方法主要有：牛顿-欧拉（Newton-Euler）法、拉格朗日（Lagrange）法、凯恩（Kane）法、达朗贝尔（D'Alembert）原理、休斯敦（Huston）法、高斯（Gauss）法、虚功原理法、旋量法、罗伯逊-魏登堡（Roberon-Wittenburg）法和影响系数法等，其中牛顿-欧拉法和拉格朗日法是最常用的建模方法，而虚功原理法被认为是建模效率最高的方法。以上这些方法在工程实际中均有应用。目前对各种并联机构的简化动力学建模已不是主要问题，主要问题是如何平衡精确建模与缩短动力学模型计算时间之间的矛盾。因此，对不同类型并联机构进行动力学建模分析和仿真将会受到研究者的进一步关注，但总的来说，可实际应用的研究成果较少。

4. 刚度与振动分析

刚度是影响并联机构性能的重要因素之一，同时也是评价并联机构的重要指标之一。要想使并联机构的控制系统能够达到要求的频宽，并联机构的振动频率需超过要求频宽的 2 倍。因此，利用多自由度系统振动理论求解系统的振动频率和响应，通过改善和优化并联机构系统的结构参数，可提高系统的固有频率，避免共振的发生，并为控制系统提供有利的频宽。基于上述分析，并联机构的刚度和振动是研究的重点内容之一，也是工程实际中亟须解决的问题。

5. 控制策略分析

并联机构控制器设计是飞机模拟器运动平台系统设计的关键技术之一。由于系统高度非线性，各个关节之间存在着严重的耦合和干扰，因此传统控制系统设计方法很难满足并联机构系统控制要求。研究能解决非对称性、变负载和负载交联耦合干扰下的控制策略，从而提高整个系统性能，是高精度并联机构系统研究中一个非常重要的课题。

推向实用化的并联机构在控制上基本还沿用串联机构的控制策略，且并联机构绝大多数采用运动学控制，因为该控制方法只需简单的运动学反解即可生成控制指令，具有简单、易实现的优点，但它忽略了动力学的耦合特性，运动控制精度较差，控制效果不够理想。截至目前，基于并联机构动力学模型的控制策略研究还没有完全开展起来。尽管并联机构动力学模型已有推导，但关于动力学特性研究的结论不多，只有少数取得了部分的控制效果，还没有研究出能够充分基于并联机构特点的控制策略，还属于尚未解决的领域。

6. 驱动信号洗出分析

驱动信号洗出是为了在运动行程约束的范围内，给飞行员提供较为逼真的瞬时过载及重力影响的感觉，在完成一次突发运动后，能缓慢返回中立位置，以便换成驱动平台运动的指令。洗出算法的优劣直接关系到能否为飞行员提供真实的运动感觉，并结合六自由度平台，对整个运动系统进行一体化设计，以达到进一步提高动感模拟逼真度的目的，探讨出一个最优的洗出方法。目前，对飞行模拟器的设计，是先设计平台机构整体，后设计洗出算法，使平台和洗出算法设计分开进行，这不利于指导飞行模拟器运动系统的整体优化设计，影响飞行模拟器整体性能的提高，因此进行二者的综合设计研究，是驱动信号洗出研究的一个趋势。

1.5 并联机构的动态仿真

并联机构仿真是并联机构研究的一项很重要的内容，它涉及并联机构运动学、机构学、零部件建模、三维仿真和运动控制等，是一项综合性的有创新意义和实用价值的研究内容。随着并联机构研究内容的不断深入、研究领域的不断扩展，以及计算机技术的不断进步，并联机构仿真系统作为并联机构设计与研究的安全可靠、灵活方便的工具之一，发挥着越来越重要的作用。相应的软件也层出不穷，比较有代表性的有 CATIA、MATLAB、ADAMS、ANSYS 等。这些工具都为并联机构的仿真提供了便利条件。虚拟样机技术的出现更是为并联机构仿真增加了活力。虚拟样机技术即在计算机上建立虚拟样机模型，用数字化形式代替传统实物样机，对样机进行各种动态性能分析，然后改进样机设计方案。该技术的应用可以大幅度缩短产品研发周期，降低产品研发成本，提高产品的系统级性能，提供最优化和创新的产品设计形式，有利于实现并行研发。

第 2 章

六自由度并联平台运动学

2.1 引言

并联机构机构学是近 20 年来国际机构学的研究热点，也是我国学者在国际上具有重要学术影响的研究领域之一。六自由度并联平台是典型的并联机构，是一种多变量、非线性、高耦合度的复杂系统，其运动学分析是并联平台各种性能指标分析与结构综合优化设计的前提，也是动力学分析与实现控制策略研究的基础，所以并联平台运动学分析是并联机构研究的重点之一。

对六自由度并联平台来说，运动学分析就是求解六个电动缸长度与并联平台输出位姿之间的关系，主要包括位置、速度和加速度分析等三部分内容。其中，位置分析是运动学分析最基本的任务，也是机构速度、加速度以及其他受力、误差、工作空间、动力和机构综合等分析的基础。并联平台运动学位置分析包括两种问题，即反解与正解问题。已知动平台的位姿求解六个电动缸的位移，称为运动学反解；反之称为运动学正解。由空间机构学可知，在正反解研究中，串-并联机构运动学分析具有对偶关系：串联机构的位置正解唯一且求解简单，反解具有多解性且求解比较复杂；与此相反，由于结构的原因，并联机构反解容易，正解却包含非线性方程组而十分困难。并联平台正解复杂，但具有重要意义：在以工作空间为目标的机构尺寸优化、机构运动的奇异位形分析、机构零位标定、输出误差分析以及控制等方面，都希望获得并联机构的位置正解。所以，位置正解是并联机构研究的热点，也是一个世界性难题。

本章以六自由度并联平台为研究对象，首先对所涉及的并联机构运动学相关理论进行简单介绍，在此基础上采用矢量分析法推导出运动学反解模型；其次，在不忽略电动缸滚珠丝杠自转因素的情况下，对电动缸及滚珠丝杠的速度、加速度、角速度、角加速度进行分析计算，针对目前求解运动学正解存在的困难与问题，采用同伦连续法进行求解；最后，基于工程上运动学分析的实际情况，提出了一种快速、实用的正反解分析方法，即虚拟样机仿真分析法。

2.2　六自由度并联平台运动学理论

多刚体系统运动学是分析系统各刚体位形、速度、加速度间的关系，它所关心的是系统在某些主动构件的驱动下，某些特征点的位置、速度与加速度的时间历程。工程实际中机械系统是由若干构件、运动副与驱动部件等组成的。在运动学分析时，应将实际系统抽象为一个多刚体系统，这个过程称为系统的模化。多刚体系统运动学模化是指系统刚体、刚体间驱动约束与运动学约束的数学定义，并要求系统独立驱动方程与约束方程数量之和等于系统的坐标数。连体坐标系是指在刚体某一点构造一个正交坐标系与该刚体固结的坐标系；描述多刚体系统位形的坐标选取方法多种多样，然而描述多刚体系统位形最小的坐标数不变，即系统的自由度数；由于系统中一些刚体间存在铰（运动副），限制了它们之间的相对运动，这种关系的解析表达式称为约束方程；约束方程中描述空间刚体姿态的最基本参数为方向余弦阵，基于连体坐标系的原点坐标与方向余弦阵一起构成最基本的笛卡儿坐标。

2.2.1　广义坐标与变换矩阵

并联平台的动平台位姿可以用连体坐标系相对于固定坐标系的广义坐标 $\boldsymbol{q}$ 来描述，$\boldsymbol{q}=[x \quad y \quad z \quad \phi \quad \theta \quad \varphi]^{\mathrm{T}}$。其中，$\boldsymbol{t}=[x \quad y \quad z]^{\mathrm{T}}$ 为动平台连体坐标系原点在固定坐标系中的位置，用于描述平移运动；$\boldsymbol{p}=[\phi \quad \theta \quad \varphi]^{\mathrm{T}}$ 为动平台连体坐标系相对固定坐标系的三个姿态角，用于描述旋转运动，通过这六个参数变量分别描述并联平台的纵向（Surge）、侧向（Sway）、升降（Heave）、偏航（Yaw）、横滚（Roll）、俯仰（Pitch）六自由度的运动位姿，并称这六个参数为并联平台运动的位姿参数。由于运动平台的位姿是相对于固定坐标系而言的，首先应把在连体坐标系内的位姿变换到固定坐标系下。其中，欧拉角特别适合描述物体的方向和姿态，通常称这种描述物体空间姿态的方法为“角度给定法”，这种方法只需给出 3 个角度即可：第一个角度是绕水平 x 轴方向即 x 轴方向的横滚角 ϕ；第二个角度是绕水平 y 轴方向的俯仰角 θ；第三个角度是绕铅垂 z 轴方向的偏航角 φ。这里 x、y、z 三轴是固定坐标系的三个轴。

定义参考坐标系 $O\text{-}xyz$ 为三维空间中的固定坐标系，把固定在动平台上的 $O_1\text{-}x_1y_1z_1$ 看成连体坐标系。空间某点 P 在 $O_1\text{-}x_1y_1z_1$ 坐标系中固定不变，点 P 在 $O\text{-}xyz$ 坐标系和 $O_1\text{-}x_1y_1z_1$ 坐标系中的坐标分别为

$$\boldsymbol{P}_{xyz} = [\boldsymbol{p}_x \quad \boldsymbol{p}_y \quad \boldsymbol{p}_z]^{\mathrm{T}}$$

$$\boldsymbol{P}_{x_1y_1z_1} = [\boldsymbol{p}_{x_1} \quad \boldsymbol{p}_{y_1} \quad \boldsymbol{p}_{z_1}]^{\mathrm{T}}$$

其中 $\boldsymbol{P}_{xyz}$ 和 $\boldsymbol{P}_{x_1y_1z_1}$ 表示同一个空间点在不同坐标系中的坐标。当 $O_1\text{-}x_1y_1z_1$ 坐标系绕任意轴转动后，均可通过 3×3 旋转矩阵 $\boldsymbol{R}$ 将原坐标 $\boldsymbol{P}_{x_1y_1z_1}$ 变换到 $O\text{-}xyz$ 坐标系中的坐标 $\boldsymbol{P}_{xyz}$，即

$$\boldsymbol{P}_{xyz} = \boldsymbol{R}\boldsymbol{P}_{x_1y_1z_1}$$

设 $O_1\text{-}x_1y_1z_1$ 坐标系的单位矢量为 $\boldsymbol{i}_{x_1}$，$\boldsymbol{j}_{y_1}$，$\boldsymbol{k}_{z_1}$，则 $\boldsymbol{P}_{x_1y_1z_1}$ 可表示为

$$\boldsymbol{P}_{x_1y_1z_1} = \boldsymbol{p}_{x_1}\boldsymbol{i}_{x_1} + \boldsymbol{p}_{y_1}\boldsymbol{j}_{y_1} + \boldsymbol{p}_{z_1}\boldsymbol{k}_{z_1}$$

则 $\boldsymbol{P}_{x_1y_1z_1}$ 在 $O\text{-}xyz$ 坐标系中各轴上的投影为

$$\begin{aligned}
\boldsymbol{P}_x &= \boldsymbol{i}_x\boldsymbol{P}_{x_1y_1z_1} = \boldsymbol{i}_x\boldsymbol{p}_{x_1}\boldsymbol{i}_{x_1} + \boldsymbol{i}_x\boldsymbol{p}_{y_1}\boldsymbol{j}_{y_1} + \boldsymbol{i}_x\boldsymbol{p}_{z_1}\boldsymbol{k}_{z_1}\\
\boldsymbol{P}_y &= \boldsymbol{j}_y\boldsymbol{P}_{x_1y_1z_1} = \boldsymbol{j}_y\boldsymbol{p}_{x_1}\boldsymbol{i}_{x_1} + \boldsymbol{j}_y\boldsymbol{p}_{y_1}\boldsymbol{j}_{y_1} + \boldsymbol{j}_y\boldsymbol{p}_{z_1}\boldsymbol{k}_{z_1}\\
\boldsymbol{P}_z &= \boldsymbol{k}_z\boldsymbol{P}_{x_1y_1z_1} = \boldsymbol{k}_z\boldsymbol{p}_{x_1}\boldsymbol{i}_{x_1} + \boldsymbol{k}_z\boldsymbol{p}_{y_1}\boldsymbol{j}_{y_1} + \boldsymbol{k}_z\boldsymbol{p}_{z_1}\boldsymbol{k}_{z_1}
\end{aligned}$$

将上式联合，写成矩阵的形式为

$$\begin{bmatrix}\boldsymbol{p}_x\\ \boldsymbol{p}_y\\ \boldsymbol{p}_z\end{bmatrix} = \begin{bmatrix}\boldsymbol{i}_x\boldsymbol{i}_{x_1} & \boldsymbol{i}_x\boldsymbol{j}_{y_1} & \boldsymbol{i}_x\boldsymbol{k}_{z_1}\\ \boldsymbol{j}_y\boldsymbol{i}_{x_1} & \boldsymbol{j}_y\boldsymbol{j}_{y_1} & \boldsymbol{j}_y\boldsymbol{k}_{z_1}\\ \boldsymbol{k}_z\boldsymbol{i}_{x_1} & \boldsymbol{k}_z\boldsymbol{j}_{y_1} & \boldsymbol{k}_z\boldsymbol{k}_{z_1}\end{bmatrix}\begin{bmatrix}\boldsymbol{p}_{x_1}\\ \boldsymbol{p}_{y_1}\\ \boldsymbol{p}_{z_1}\end{bmatrix}$$

则综合上式可得

$$\boldsymbol{R} = \begin{bmatrix}\boldsymbol{i}_x\boldsymbol{i}_{x_1} & \boldsymbol{i}_x\boldsymbol{j}_{y_1} & \boldsymbol{i}_x\boldsymbol{k}_{z_1}\\ \boldsymbol{j}_y\boldsymbol{i}_{x_1} & \boldsymbol{j}_y\boldsymbol{j}_{y_1} & \boldsymbol{j}_y\boldsymbol{k}_{z_1}\\ \boldsymbol{k}_z\boldsymbol{i}_{x_1} & \boldsymbol{k}_z\boldsymbol{j}_{y_1} & \boldsymbol{k}_z\boldsymbol{k}_{z_1}\end{bmatrix}$$

如果 $O_1\text{-}x_1y_1z_1$ 坐标系绕 Ox 轴旋转 ϕ 角（横滚），变换矩阵 $\boldsymbol{R}_{x,\ \phi}$ 称为绕 Ox 轴旋转 ϕ 角的旋转矩阵，则 $\boldsymbol{R}_{x,\ \phi}$ 可用上述变换矩阵的概念推出，得

$$\boldsymbol{P}_{xyz} = \boldsymbol{R}_{x,\ \phi}\boldsymbol{P}_{x_1y_1z_1}$$

因为 $\boldsymbol{i}_x = \boldsymbol{i}_{x_1}$，可得

$$\boldsymbol{R}_{x,\ \phi} = \begin{bmatrix}1 & 0 & 0\\ 0 & \cos\phi & -\sin\phi\\ 0 & \sin\phi & \cos\phi\end{bmatrix}$$

同理，绕 Oy 轴旋转 θ 角（俯仰），可得

$$\boldsymbol{R}_{y,\ \theta}=\begin{bmatrix}\cos\theta & 0 & \sin\theta\\ 0 & 1 & 0\\ -\sin\theta & 0 & \cos\theta\end{bmatrix}$$

同理，绕 Oz 轴旋转 φ 角（偏航），可得

$$\boldsymbol{R}_{z,\ \varphi}=\begin{bmatrix}\cos\varphi & -\sin\varphi & 0\\ \sin\varphi & \cos\varphi & 0\\ 0 & 0 & 1\end{bmatrix}$$

在航空工程分析中，以欧拉角表示的并联运动平台旋转矩阵为

$$\boldsymbol{R}_{\varphi,\theta,\phi}=\boldsymbol{R}_{z,\varphi}\boldsymbol{R}_{y,\theta}\boldsymbol{R}_{x,\phi}=\begin{bmatrix}\cos\varphi & -\sin\varphi & 0\\ \sin\varphi & \cos\varphi & 0\\ 0 & 0 & 1\end{bmatrix}\begin{bmatrix}\cos\theta & 0 & \sin\theta\\ 0 & 1 & 0\\ -\sin\theta & 0 & \cos\theta\end{bmatrix}\begin{bmatrix}1 & 0 & 0\\ 0 & \cos\phi & -\sin\phi\\ 0 & \sin\phi & cos\phi\end{bmatrix}$$

整理，即得

$$\boldsymbol{R}_{\varphi,\theta,\phi}=\begin{bmatrix}\cos\varphi\cos\theta & -\sin\varphi\cos\phi+\cos\varphi\sin\theta\sin\phi & \sin\varphi\sin\phi+\cos\varphi\sin\theta\cos\phi\\ \sin\varphi\cos\theta & \cos\varphi\cos\phi+\sin\varphi\sin\theta\sin\phi & -\cos\varphi\sin\phi+\sin\varphi\sin\theta\cos\phi\\ -\sin\theta & \cos\theta\sin\phi & \cos\theta\cos\phi\end{bmatrix}$$

2.2.2　控制点变换

控制点变换的目的是将被控制物体质心处的加速度转换成运动平台质心处的加速度。以飞机模拟器为例进行说明，固定坐标系定义：当并联平台处于中立位置时，以动平台质心在地面上的投影为原点，铅垂向上为正（z 轴），指向机头为正（x 轴），按右手定则指向机头右侧为正（y 轴），并用 i_x、j_y、k_z 表示；连体坐标系定义：以动平台质心为原点，三个坐标轴的指向和极性与飞机机体坐标系相同，并用 i_{x_1}、j_{y_1}、k_{z_1} 表示，如图 2-1 所示。

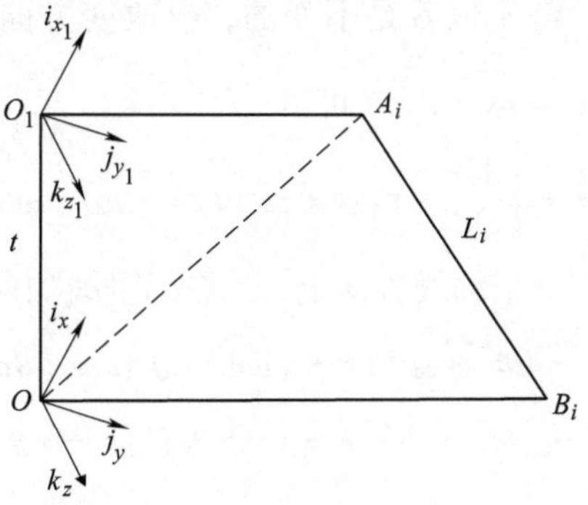

图 2-1　平台固定、连体坐标关系图

假定并联平台的连体坐标系固定在被模拟飞机的机体坐标系上，使 x、y、z 轴的指向与机体坐标系一致。由于并联平台质心与飞机质心不重合，所以需将并联平台的质心当成飞机机体坐标系中的一个质点，坐标记为 $A(x, y, z)$，如图 2-2 所示。

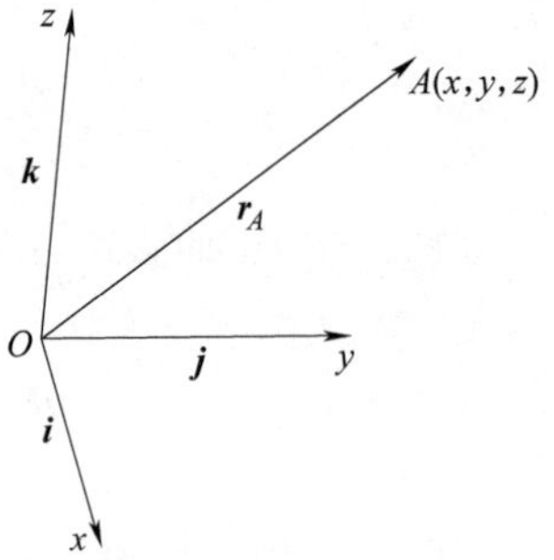

图 2-2　机体坐标与质点 A 坐标关系图

定义 $\boldsymbol{r}_A$ 为机体坐标系原点 O 指向质点 A 的矢量，$\dot{\phi}$、$\dot{\theta}$、$\dot{\varphi}$ 分别为飞机绕机体坐标系转动的角速度，即滚转、俯仰及偏航角速度，可得

$$\boldsymbol{r}_A = \boldsymbol{i}x + \boldsymbol{j}y + \boldsymbol{k}z$$

$$\boldsymbol{\omega} = \boldsymbol{i}\dot{\phi} + \boldsymbol{j}\dot{\theta} + \boldsymbol{k}\dot{\varphi}$$

则由于旋转，在 A 点处产生的线速度 $\boldsymbol{v}_1$ 为

$$\boldsymbol{v}_1 = \boldsymbol{\omega} \times \boldsymbol{r}_A = \begin{vmatrix} \boldsymbol{i} & \boldsymbol{j} & \boldsymbol{k} \\ \dot{\phi} & \dot{\theta} & \dot{\varphi} \\ x & y & z \end{vmatrix}$$

定义 $\boldsymbol{v}_O$ 为机体坐标系原点 O 的速度，v_{xO}，v_{yO}，v_{zO} 为 $\boldsymbol{v}_O$ 在机体坐标系上的投影，则该速度为 A 点的牵连速度。绕原点转动产生的线速度与牵连速度的矢量和即为点 A 的绝对速度 $\boldsymbol{v}_A$，可得

$$\boldsymbol{v}_A = \boldsymbol{v}_O + \boldsymbol{\omega} \times \boldsymbol{r}_A$$

点 A 的绝对加速度为

$$\boldsymbol{\alpha} = \frac{\mathrm{d}\boldsymbol{v}_A}{\mathrm{d}t} = \frac{\mathrm{d}\boldsymbol{v}_O}{\mathrm{d}t} + \frac{\mathrm{d}\boldsymbol{\omega}}{\mathrm{d}t} \times \boldsymbol{r}_A + \boldsymbol{\omega} \times \frac{\mathrm{d}\boldsymbol{r}_A}{\mathrm{d}t}$$

在机体坐标系中，点 A 位置是不变的，仅改变方向，则 $\frac{\mathrm{d}\boldsymbol{r}_A}{\mathrm{d}t}$ 为点 A 转动而产生的线速度矢量 $\boldsymbol{v}_1 = \boldsymbol{\omega} \times \boldsymbol{r}_A$，可得

$$\boldsymbol{\alpha} = \frac{\mathrm{d}\boldsymbol{v}_O}{\mathrm{d}t} + \left[\frac{\mathrm{d}\boldsymbol{\omega}}{\mathrm{d}t} \times \boldsymbol{r}_A + (\boldsymbol{\omega} \cdot \boldsymbol{r}_A) \cdot \boldsymbol{\omega} - \boldsymbol{\omega}^2 \cdot \boldsymbol{r}_A\right]$$

则在机体坐标系的三个轴线方向上，A 点标量线加速度为

$$\alpha_x = \alpha_{xO} - (\dot{\theta}^2 + \dot{\varphi}^2)x + (\dot{\varphi}\dot{\phi} + \ddot{\theta})z + (\dot{\theta}\dot{\phi} - \ddot{\varphi})y$$

$$\alpha_y = \alpha_{yO} - (\dot{\varphi}^2 + \dot{\phi}^2)y + (\dot{\theta}\dot{\phi} + \ddot{\varphi})x + (\dot{\theta}\dot{\varphi} - \ddot{\phi})z$$

$$\alpha_z = \alpha_{zO} - (\dot{\theta}^2 + \dot{\phi}^2)z + (\dot{\theta} \cdot \dot{\varphi} + \ddot{\phi})y + (\dot{\phi} \cdot \dot{\varphi} - \ddot{\theta})x$$

上式，在机体坐标系中，α_{xO}、α_{yO}、α_{zO} 为被模拟飞机平移加速度的三个

分量；x、y、z 为 A 点的坐标。当动平台质心相对被模拟飞机质心间距离确定后，则 x、y、z 是三个确定数，这样动平台质心处的线加速度就随被模拟飞机的平移加速度及飞机各个角速度、角加速度而改变。

2.3 六自由度并联平台运动学反解

六自由度并联平台主要由上平台、下平台、六套并联安装的伺服电动缸和上、下各六个虎克铰等组成。其中，下平台为固定平台，上平台为动平台，上、下平台均为六边形。典型的六自由度并联平台结构如图 2-3 所示。

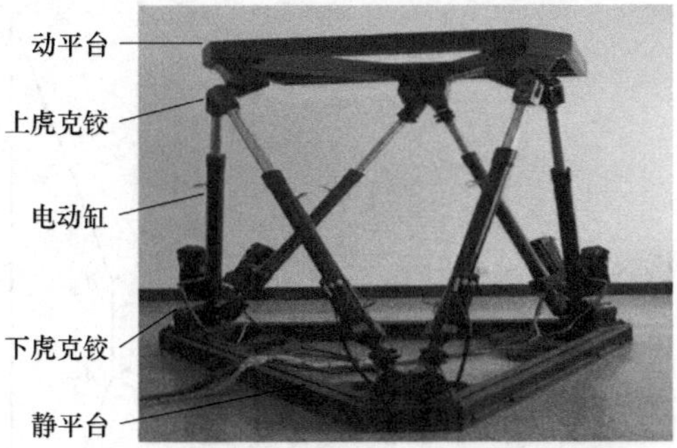

图 2-3 六自由度并联平台结构原理图

以下、上铰点分布圆的圆心 O 和 O_1 分别建立固定坐标系 $O\text{-}xyz$ 和连体坐标系 $O_1\text{-}x_1y_1z_1$，其中轴 Ox 和 O_1x_1 取 B_1B_6 和 A_1A_6 的垂直方向（也就是被模拟飞机的正方向），轴 Oz 和 O_1z_1 分别垂直于两个平台平面向上，轴 Oy 和 O_1y_1 的方向符合右手定则，其坐标系方位如图 2-4 所示。

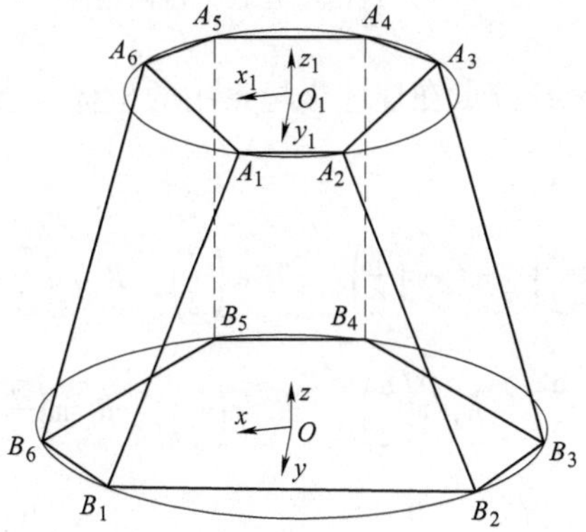

图 2-4 系统坐标定义图

并联平台的结构尺寸可由如下五个结构参数决定：上铰点分布圆半径 R_a、下铰点分布圆半径 R_b、上平台短边所对中心角 α、下平台短边所对中心角 β、动平台处于中立位置时上铰点分布圆平面与下铰点分布圆平面之间的距离 h_0。当给定以上五个参数时，就可以确定上、下铰点的坐标，定义 $\boldsymbol{a}_i$、$\boldsymbol{A}_i$ 分别为上平台第 i 个铰点在 $O_1\text{-}x_1y_1z_1$ 系、$O\text{-}xyz$ 系中的坐标，B_i 为下平台第 i 个铰点在 $O\text{-}xyz$ 系中的坐标，并联平台俯视图如图 2-5 所示。

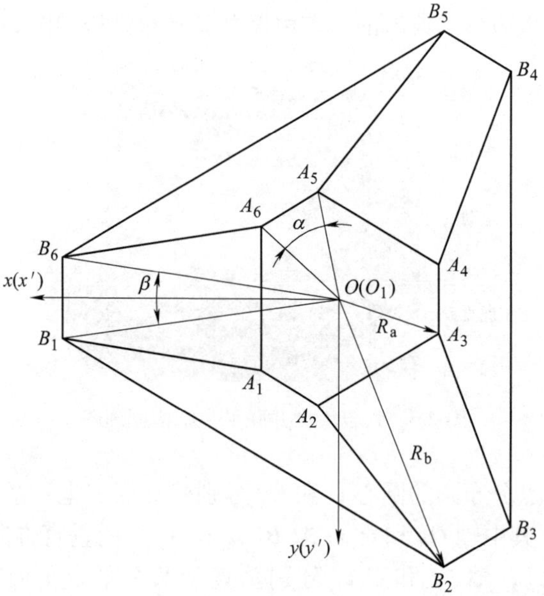

图 2-5　六自由度并联平台俯视图

矩阵 $\boldsymbol{a}$ 表示动平台各铰点在连体坐标系中的坐标，参数表达式如下：

$$\boldsymbol{a}=[a_{ij}]_{3\times6}=$$

$$\begin{bmatrix} R_a\cos\left(\frac{\pi}{3}-\frac{\alpha}{2}\right) & R_a\cos\left(\frac{\pi}{3}+\frac{\alpha}{2}\right) & -R_a\cos\left(\frac{\alpha}{2}\right) & -R_a\cos\left(\frac{\alpha}{2}\right) & R_a\cos\left(\frac{\pi}{3}+\frac{\alpha}{2}\right) & R_a\cos\left(\frac{\pi}{3}-\frac{\alpha}{2}\right) \\ R_a\sin\left(\frac{\pi}{3}-\frac{\alpha}{2}\right) & R_a\sin\left(\frac{\pi}{3}+\frac{\alpha}{2}\right) & R_a\sin\left(\frac{\alpha}{2}\right) & -R_a\sin\left(\frac{\alpha}{2}\right) & -R_a\sin\left(\frac{\pi}{3}+\frac{\alpha}{2}\right) & -R_a\sin\left(\frac{\pi}{3}-\frac{\alpha}{2}\right) \\ 0 & 0 & 0 & 0 & 0 & 0 \end{bmatrix}$$

矩阵 $\boldsymbol{B}$ 表示下平台各铰点在固定坐标系中的坐标，参数表达式如下：

$$
\boldsymbol{B}=[B_{ij}]_{3\times 6}=
\begin{bmatrix}
R_b\cos\left(\frac{\beta}{2}\right) & -R_b\cos\left(\frac{\pi}{3}+\frac{\beta}{2}\right) & -R_b\cos\left(\frac{\pi}{3}-\frac{\beta}{2}\right) & -R_b\cos\left(\frac{\pi}{3}-\frac{\beta}{2}\right) & -R_b\cos\left(\frac{\pi}{3}+\frac{\beta}{2}\right) & R_b\cos\left(\frac{\beta}{2}\right) \\
R_b\sin\left(\frac{\beta}{2}\right) & R_b\sin\left(\frac{\pi}{3}+\frac{\beta}{2}\right) & R_b\sin\left(\frac{\pi}{3}-\frac{\beta}{2}\right) & -R_b\sin\left(\frac{\pi}{3}-\frac{\beta}{2}\right) & -R_b\sin\left(\frac{\pi}{3}+\frac{\beta}{2}\right) & -R_b\sin\left(\frac{\beta}{2}\right) \\
0 & 0 & 0 & 0 & 0 & 0
\end{bmatrix}
$$

矩阵 $\boldsymbol{A}$ 表示动平台各铰点在固定坐标系中的坐标，表达式如下：

$$
\boldsymbol{A}=\boldsymbol{Ra}
$$

动平台位姿可由动平台连体坐标系 $O_1\text{-}x_1y_1z_1$ 相对于固定坐标系 $O\text{-}xyz$ 的位姿来表示。综合上述定义，动平台位姿广义坐标定义为：$\boldsymbol{q}=[x\quad y\quad z\quad \phi\quad \theta\quad \varphi]^{\mathrm{T}}$，其中，$\boldsymbol{t}=[x\quad y\quad z]^{\mathrm{T}}$、$\boldsymbol{p}=[\phi\quad \theta\quad \varphi]^{\mathrm{T}}$ 分别为连体坐标系相对于固定坐标系的位置坐标和姿态角。当动平台处于准备工作位姿时（工程中称为“中位点”），此时连体坐标系 $O_1-x_1y_1z_1$ 与固定坐标系 $O\text{-}xyz$ 的各个坐标轴相互平行，动平台高度记为 h_0，则此时动平台位姿坐标为 $\boldsymbol{q}_0=[0\quad 0\quad h_0\quad 0\quad 0\quad 0]^{\mathrm{T}}$。

2.3.1　动平台速度与加速度

动平台 $O_1\text{-}x_1y_1z_1$ 原点在 $O\text{-}xyz$ 中的速度和加速度分别为

$$
\boldsymbol{v}_p=[\dot{x}\quad \dot{y}\quad \dot{z}]^{\mathrm{T}}
$$

$$
\boldsymbol{a}_p=[\ddot{x}\quad \ddot{y}\quad \ddot{z}]^{\mathrm{T}}
$$

需要注意的是，并联平台的角速度 $\boldsymbol{\omega}_p=[\omega_{px}\,\omega_{py}\,\omega_{pz}]^{\mathrm{T}}$ 与角加速度 $\boldsymbol{\varepsilon}_p=[\varepsilon_{px}\,\varepsilon_{py}\,\varepsilon_{py}]^{\mathrm{T}}$ 并不是并联平台姿态参数欧拉角对时间的一阶导数 $\dot{\boldsymbol{p}}=[\dot{\phi}\,\dot{\theta}\,\dot{\varphi}]^{\mathrm{T}}$ 与二阶导数 $\ddot{\boldsymbol{p}}=[\ddot{\phi}\quad \ddot{\theta}\quad \ddot{\varphi}]^{\mathrm{T}}$，但它们之间存在着一定的关系：

$$
\boldsymbol{\omega}_p=\boldsymbol{\omega}_{px}\boldsymbol{x}_1+\boldsymbol{\omega}_{py}\boldsymbol{y}_1+\boldsymbol{\omega}_{pz}\boldsymbol{z}_1
$$

式中 $\boldsymbol{x}_1$、$\boldsymbol{y}_1$、$\boldsymbol{z}_1$ 分别为连体坐标系的各坐标轴在固定坐标系中的单位矢量；$\boldsymbol{\omega}_{px}$、$\boldsymbol{\omega}_{py}$、$\boldsymbol{\omega}_{pz}$ 分别为动平台角速度在连体坐标系 x_1、y_1、z_1 轴上的分量。

根据坐标变换方法与角速度合成定理，可得连体坐标关系中动平台的角速度为

$$
\boldsymbol{\omega}_p=\begin{bmatrix}\omega_{px}\\ \omega_{py}\\ \omega_{pz}\end{bmatrix}=\begin{bmatrix}1 & 0 & -\sin\theta\\ 0 & \cos\phi & \cos\theta\sin\phi\\ 0 & -\sin\phi & \cos\theta\cos\phi\end{bmatrix}\begin{bmatrix}\dot{\phi}\\ \dot{\theta}\\ \dot{\varphi}\end{bmatrix}
$$

$$\boldsymbol{E}=\begin{bmatrix}1 & 0 & -\sin\theta\\ 0 & \cos\phi & \cos\theta\sin\phi\\ 0 & -\sin\phi & \cos\theta\cos\phi\end{bmatrix}$$

可进一步改写为

$\boldsymbol{\omega}_p=\boldsymbol{E}\dot{\boldsymbol{p}}=[\boldsymbol{0}_{3\times3}\quad \boldsymbol{E}]\,\dot{\boldsymbol{q}}=\boldsymbol{U}_{3\times6}\dot{\boldsymbol{q}}$

上式两侧同时左乘 $\boldsymbol{E}^{-1}$ 可得

$$\dot{\boldsymbol{p}}=\boldsymbol{E}^{-1}\boldsymbol{\omega}_p$$

$$\boldsymbol{E}^{-1}=\begin{bmatrix}1 & \sin\phi\sin\theta/\cos\theta & \cos\phi\sin\theta/\cos\theta\\ 0 & \cos\phi & -\sin\phi\\ 0 & \sin\phi/\cos\theta & \cos\phi/\cos\theta\end{bmatrix}$$

对上式求时间导数，在连体坐标系中，动平台的角加速度 $\boldsymbol{\varepsilon}_p$ 为

$$\boldsymbol{\varepsilon}_p=\dot{\boldsymbol{E}}\dot{\boldsymbol{p}}+\boldsymbol{E}\ddot{\boldsymbol{p}}=\begin{bmatrix}0 & 0 & -\cos\theta\dot{\theta}\\ 0 & -\sin\phi\dot{\phi} & -\sin\theta\sin\phi\dot{\theta}+\cos\theta\cos\phi\dot{\phi}\\ 0 & -\cos\phi\dot{\phi} & -\sin\theta\cos\phi\dot{\theta}-\cos\theta\sin\phi\dot{\phi}\end{bmatrix}\begin{bmatrix}\dot{\theta}\\ \dot{\varphi}\\ \dot{\phi}\end{bmatrix}+$$

$$\begin{bmatrix}1 & 0 & -\sin\theta\\ 0 & \cos\phi & \cos\theta\sin\phi\\ 0 & -\sin\phi & \cos\theta\cos\phi\end{bmatrix}\begin{bmatrix}\ddot{\theta}\\ \ddot{\varphi}\\ \ddot{\phi}\end{bmatrix}$$

式中 $$\dot{\boldsymbol{E}}=\begin{bmatrix}0 & 0 & -\cos\theta\dot{\theta}\\ 0 & -\sin\phi\dot{\phi} & -\sin\theta\sin\phi\dot{\theta}+\cos\theta\cos\phi\dot{\phi}\\ 0 & -\cos\phi\dot{\phi} & -\sin\theta\cos\phi\dot{\theta}-\cos\theta\sin\phi\dot{\phi}\end{bmatrix}$$

以上推导了欧拉角导数与并联平台角速度、角加速度之间的换算关系。一般并联平台工作时，是通过控制欧拉角实现的，但通常是以连体坐标系中给出的角速度、角加速度作为并联动平台的已知条件，所以上述转换关系具有重要的实际意义。

2.3.2 运动学反解

如图 2-4 所示，采用矢量分析法对六自由度并联平台进行分析，则第 i 个电动缸在固定坐标系中的长度矢量为

$\boldsymbol{L}_i=\boldsymbol{r}+\boldsymbol{A}_i-\boldsymbol{B}_i=\boldsymbol{t}+\boldsymbol{R}\boldsymbol{a}_i-\boldsymbol{B}_i$ （若无特殊说明 $i=1，2，\cdots，6$）

式中 $\boldsymbol{r}$ 为 O 点指向 O_1 点的矢量；A_i 为 O_1 点指向上铰点 i 的矢量；$\boldsymbol{B}_i$ 为 O 点指向下铰点 i 的矢量；$\boldsymbol{L}_i$ 为下铰点 i 指向上铰点 i 的矢量。

由上式得电动缸长度为

$$l_i = \sqrt{(\boldsymbol{r} + \boldsymbol{R}\boldsymbol{a}_i - \boldsymbol{B}_i)^{\mathrm{T}}(\boldsymbol{t} + \boldsymbol{R}\boldsymbol{a}_i - \boldsymbol{B}_i)}$$

当连体坐标系处于初始位置时，电动缸长度为初始长度 l_0，于是电动缸的伸长量为

$$\Delta l_i = l_i - l_0$$

$l_i = \sqrt{(\boldsymbol{r} + \boldsymbol{R}\boldsymbol{a}_i - \boldsymbol{B}_i)^{\mathrm{T}}(\boldsymbol{t} + \boldsymbol{R}\boldsymbol{a}_i - \boldsymbol{B}_i)}$ 即六自由度并联平台位置反解方程。当已知并联平台的基本结构尺寸和动平台的具体位姿后，就可以求出各电动缸的长度和伸缩量。

依据某型飞行模拟器技术性能指标（见附录），由式 $\Delta l_i = l_i - l_0$ 可知在并联平台各自由度位移分别达到最大的情况下各电动缸的位移量，如图 2-6 所示。电动缸的最大伸缩位移量分别为 0.9913m 与−0.8261m，分别出现在纵向运动与偏航运动中，所以电动缸的行程就由这两种运动决定。

2.3.3 电动缸速度、加速度与伸缩速度、加速度

在 $O\text{-}xyz$ 坐标系中，将式 $\boldsymbol{L}_i = \boldsymbol{r} + \boldsymbol{A}_i - \boldsymbol{B}_i = \boldsymbol{r} + \boldsymbol{R}\boldsymbol{a}_i - \boldsymbol{B}_i$ 对时间求导，得电动缸速度为

$$\dot{\boldsymbol{L}}_i = \dot{\boldsymbol{r}} + \boldsymbol{\omega}_p \times \boldsymbol{R}\boldsymbol{a}_i$$

令电动缸单位方向矢量为 $\boldsymbol{n}_i$，可得

$$\boldsymbol{n}_i = (\boldsymbol{L}_i^{\mathrm{T}}\boldsymbol{L}_i)^{-\frac{1}{2}}\boldsymbol{L}_i = \frac{\boldsymbol{L}_i}{\|\boldsymbol{L}_i\|} = \frac{\boldsymbol{L}_i}{l_i}$$

将式 $\dot{\boldsymbol{L}}_i = \dot{\boldsymbol{r}} + \boldsymbol{\omega}_p \times \boldsymbol{R}\boldsymbol{a}_i$ 两边点乘 n_i，可得六自由度并联平台电动缸的伸缩速度为

$$\dot{l}_i = \dot{\boldsymbol{L}}_i \cdot \boldsymbol{n}_i = \dot{\boldsymbol{r}} \cdot \boldsymbol{n}_i + \boldsymbol{\omega}_p \cdot (\boldsymbol{R}\boldsymbol{a}_i \times \boldsymbol{n}_i)$$

将上式写成矩阵的形式，有

$$\dot{l}_i = \underbrace{\begin{bmatrix} \boldsymbol{n}_i^{\mathrm{T}} & (\boldsymbol{R}\boldsymbol{a}_i \times \boldsymbol{n}_i)^{\mathrm{T}} \end{bmatrix}}_{\boldsymbol{J}} \begin{bmatrix} \dot{\boldsymbol{r}} \\ \boldsymbol{\omega}_p \end{bmatrix}$$

式中 $\boldsymbol{J} = [\boldsymbol{n}_i^{\mathrm{T}} \quad (\boldsymbol{R}\boldsymbol{a}_i \times \boldsymbol{n}_i)^{\mathrm{T}}]$ 为速度雅可比矩阵。

上式表明，六自由度并联平台电动缸的伸缩速度与动平台的速度通过 $\boldsymbol{J}$ 联系起来，称其为雅可比矩阵。雅可比矩阵深刻揭示了机构的运动学本质，与机构的运动学尺寸和空间位姿密切相关，反映了机构本身的特性，而与构件的输入运动无关。

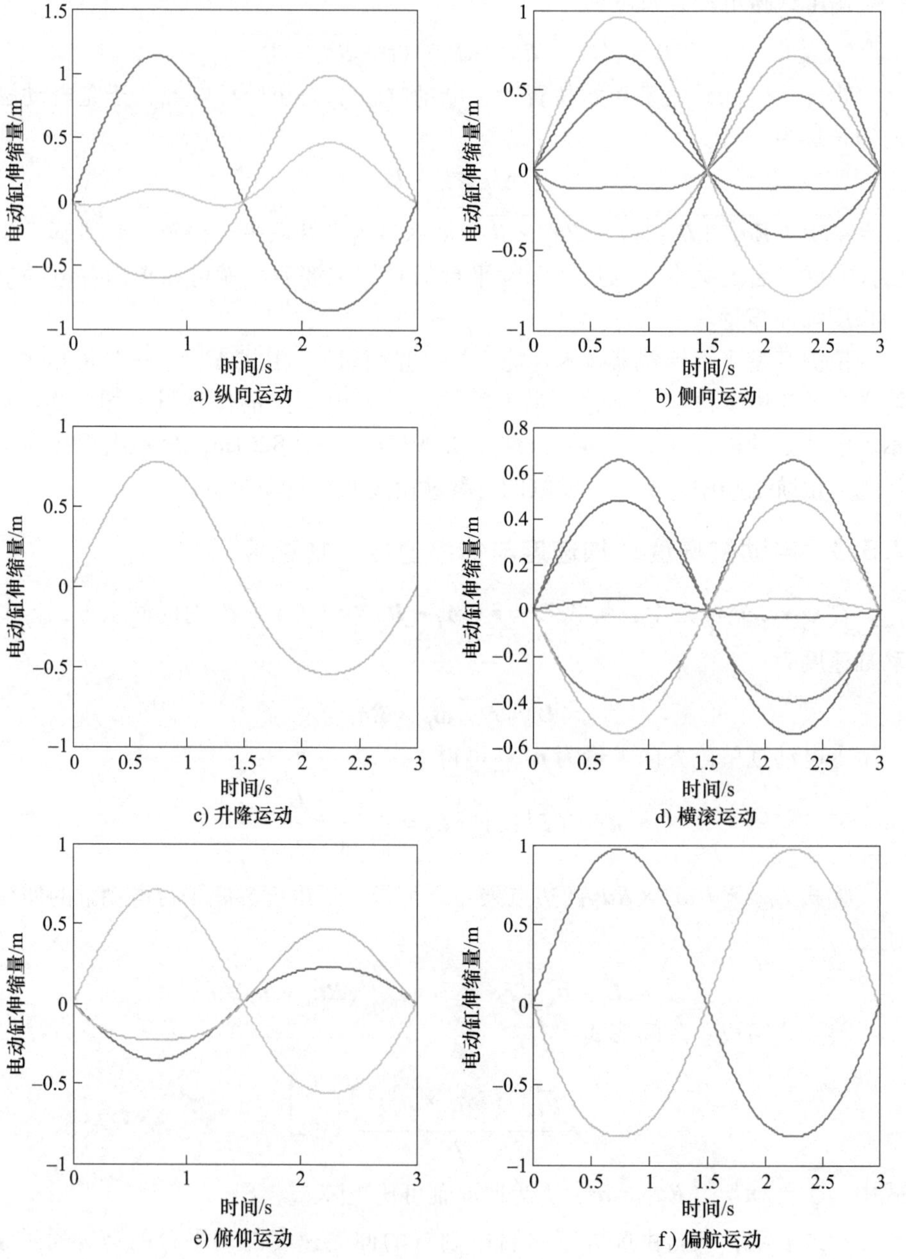

图 2-6　电动缸的伸缩位移图

由飞机模拟器技术性能指标（见附录），根据上述公式可计算出并联平台位移、速度同时达到最大时，单自由度运动时六个电动缸的伸缩速度，如图 2-7 所示。六个电动缸最大伸缩速度分别为 2.1742m/s 与-2.1742m/s，都出现

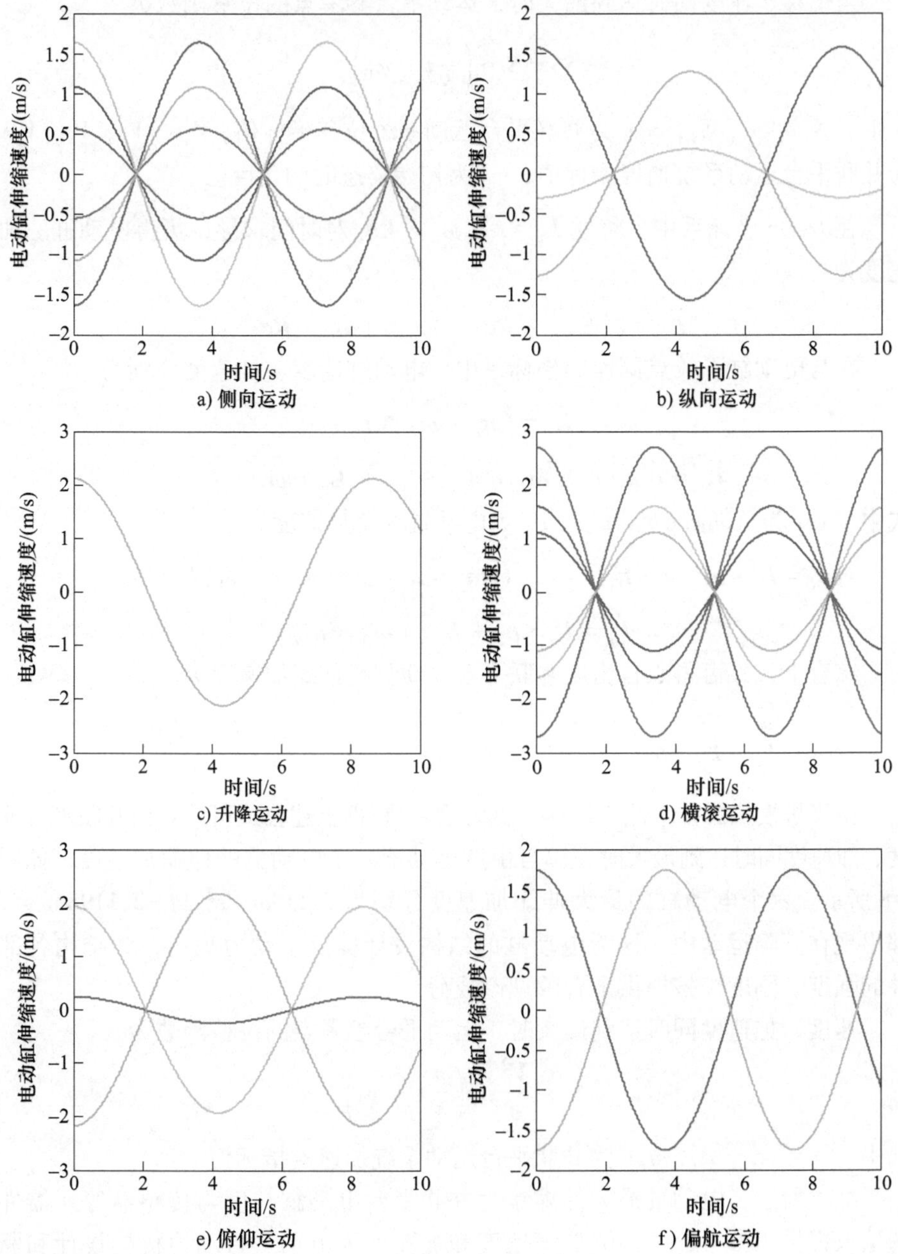

图 2-7　电动缸的伸缩速度图

在俯仰运动中。由于驱动力与电动缸伸缩速度的乘积就是驱动设备须提供的有效功率，所以该数据的分析为驱动设备选型提供了理论依据。

当位移、速度同时达到最大时，运动平台参考点的位移函数为

$$\boldsymbol{S}' = \boldsymbol{S}\sin\left(\frac{\boldsymbol{V}}{\boldsymbol{S}}t + \varphi_0\right)$$

式中　$\boldsymbol{S} = \{S_x, S_y, S_z\}$ 为并联平台运动系统位移指标值；$\boldsymbol{V} = \{V_x, V_y, V_z\}$ 为并联平台运动系统速度指标值；φ_0 为初始姿态时的角度。

在 $O\text{-}xyz$ 坐标系中，将式 $\dot{\boldsymbol{L}}_i = \dot{\boldsymbol{r}} + \boldsymbol{\omega}_p \times \boldsymbol{R}\boldsymbol{a}_i$ 对时间求导，可得电动缸的加速度为

$$\ddot{\boldsymbol{L}}_i = \ddot{\boldsymbol{r}} + \boldsymbol{\varepsilon}_p \times \boldsymbol{R}\boldsymbol{a}_i + \boldsymbol{\omega}_p \times (\boldsymbol{\omega}_p \times \boldsymbol{R}\boldsymbol{a}_i)$$

在与电动缸下铰点固连的坐标系中，电动缸速度、加速度分别为

$$\dot{\boldsymbol{L}}_i = \dot{\boldsymbol{l}}_i\boldsymbol{n}_i + \boldsymbol{\omega}_L \times \boldsymbol{L}_i$$

$$\ddot{\boldsymbol{L}}_i = \ddot{\boldsymbol{l}}_i\boldsymbol{n}_i + \dot{\boldsymbol{l}}_i(\boldsymbol{\omega}_L \times \boldsymbol{n}_i) + \boldsymbol{\varepsilon}_L \times \boldsymbol{L}_i + \boldsymbol{\omega}_L \times \dot{\boldsymbol{L}}_i$$

式中　$\boldsymbol{\omega}_L$ 为电动缸的角速度；$\boldsymbol{\varepsilon}_L$ 为电动缸的角加速度。

对 $\dot{\boldsymbol{l}}_i = \dot{\boldsymbol{L}}_i \cdot \boldsymbol{n}_i = \dot{\boldsymbol{r}} \cdot \boldsymbol{n}_i + \boldsymbol{\omega}_p \cdot (\boldsymbol{R}\boldsymbol{a}_i \times \boldsymbol{n}_i)$ 继续求导，可得

$$\ddot{\boldsymbol{l}}_i = \ddot{\boldsymbol{L}}_i \cdot \boldsymbol{n}_i + \dot{\boldsymbol{L}}_i \cdot (\boldsymbol{\omega}_L \times \boldsymbol{n}_i)$$

综合上式，可得六自由度并联平台电动缸的伸缩加速度为

$$\ddot{\boldsymbol{l}}_i = \ddot{\boldsymbol{L}}_i \cdot \boldsymbol{n}_i + \dot{\boldsymbol{L}}_i \cdot (\boldsymbol{\omega}_L \times \boldsymbol{n}_i) = \ddot{\boldsymbol{L}}_i \cdot \boldsymbol{n}_i + \dot{\boldsymbol{L}}_i \cdot \frac{\dot{\boldsymbol{L}}_i - \dot{\boldsymbol{l}}_i\boldsymbol{n}_i}{\boldsymbol{l}_i}$$

由飞机模拟器技术性能指标（见附录），根据上述公式可计算出并联平台速度、加速度同时达到最大时，单自由度运动下六个电动缸的伸缩加速度，如图 2-8 所示。六个电动缸的最大伸缩加速度分别为 2.1198m/s^2 与 -2.1198m/s^2，都出现在升降运动中，这为电动缸的结构设计提供了动力载荷，为结构各部件的强度、刚度校核提供了有效理论载荷。

速度、加速度同时达到最大时，运动平台参考点的位移函数为

$$\boldsymbol{S}'' = \frac{\boldsymbol{V}^2}{\boldsymbol{a}}\sin\left(\frac{\boldsymbol{a}}{\boldsymbol{V}}t + \varphi_1\right)$$

式中　$\boldsymbol{a} = \{a_x, a_y, a_z\}$ 为并联平台运动系统加速度指标值。

综上所述，电动缸最大伸缩量为并联平台电动缸长度与传感器等元器件的选取提供了参考，电动缸伸缩速度和加速度为电动平台动力机构设计和驱动设备选型提供了理论依据。

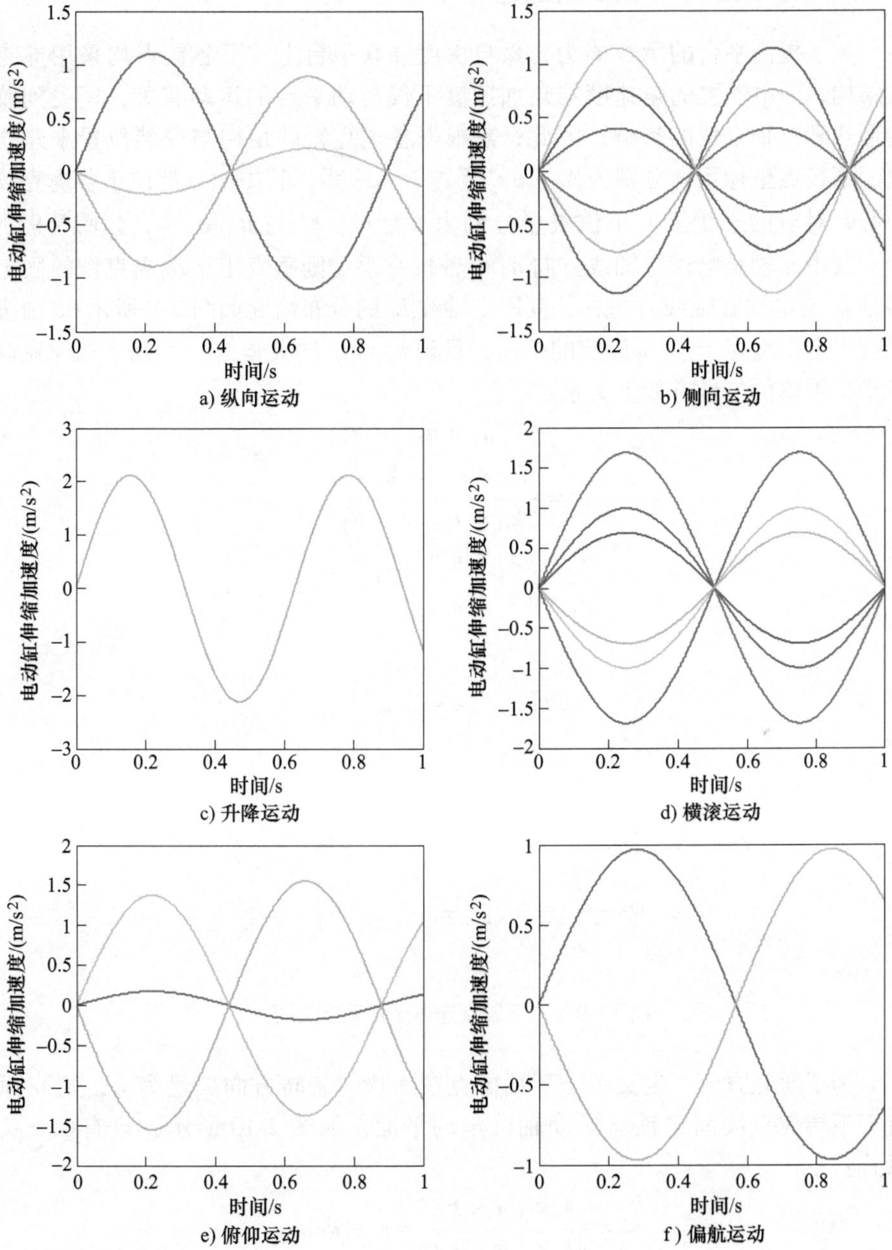

图 2-8　电动缸的伸缩加速度图

2.3.4 电动缸角速度和角加速度

为了提高平台的承载能力，六自由度并联平台上、下各铰点均采用虎克铰结构，而电动缸的角速度与角加速度不仅与动平台的运动有关，还受到铰的形式和铰轴方位的影响。因此，需根据各虎克铰的结构与安装位置来建立上、下铰点坐标系，分别为 A_i-$u'v'z'$ 系与 B_i-uvz 系，其中原点都位于各虎克铰中心，对应的三个轴向单位矢量分别为 $\boldsymbol{u}'$、$\boldsymbol{v}'$、z' 与 $\boldsymbol{u}$、$\boldsymbol{v}$、z，如图 2-9 所示。其中 u 轴是电动缸轴线方向 n；v 轴按右手定则垂直于下端虎克铰的固定转轴 k_i 与电动缸轴线方向 n，其固定轴线 k_i 的分布情况如图 2-9 所示；z 轴按照右手定则垂直于 u、v 确定的平面，且记 k_i 与 L_i 的夹角为 γ。则下端虎克铰各坐标轴单位矢量有如下关系：

$$\boldsymbol{u}_i = \boldsymbol{n}_i$$

$$\boldsymbol{v}_i = \frac{\boldsymbol{k}_i \times \boldsymbol{n}_i}{\|\boldsymbol{k}_i \times \boldsymbol{n}_i\|} = \frac{\boldsymbol{k}_i \times \boldsymbol{n}_i}{\sin\gamma}$$

$$z_i = \frac{\boldsymbol{n}_i \times (\boldsymbol{k}_i \times \boldsymbol{n}_i)}{\|\boldsymbol{n}_i \times (\boldsymbol{k}_i \times \boldsymbol{n}_i)\|} = \boldsymbol{k}_i - \boldsymbol{n}_i\cos\gamma$$

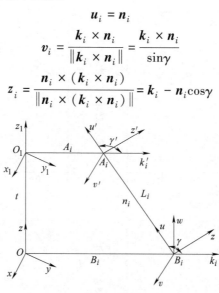

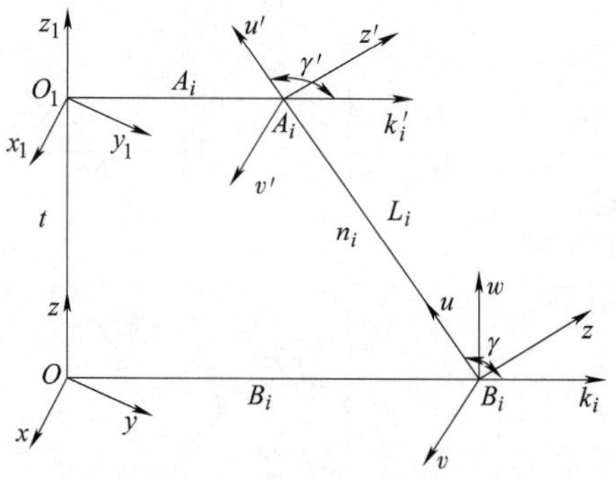

图 2-9 上下铰点连体坐标系定义图

为了研究方便，定义一个下端虎克铰无瞬时旋转方向矢量为 $\boldsymbol{w}$，则 $\boldsymbol{w}$ 垂直于下端虎克铰固定轴与活动轴确定的平面，如图 2-10 所示，且有如下关系式：

$$\boldsymbol{w} = \frac{\boldsymbol{k} \times (\boldsymbol{n} \times \boldsymbol{k})}{\|\boldsymbol{k} \times (\boldsymbol{n} \times \boldsymbol{k})\|} = \boldsymbol{n} - \boldsymbol{k}\cos\gamma$$

由角速度合成定理可知，电动缸角速度是虎克铰两轴向瞬时转动速度的合速度，因此，$\boldsymbol{w}$ 垂直于 $\boldsymbol{\omega}_L$ 所在的平面，所以 $\boldsymbol{\omega}_L \cdot \boldsymbol{w} = 0$，则电动缸的角速

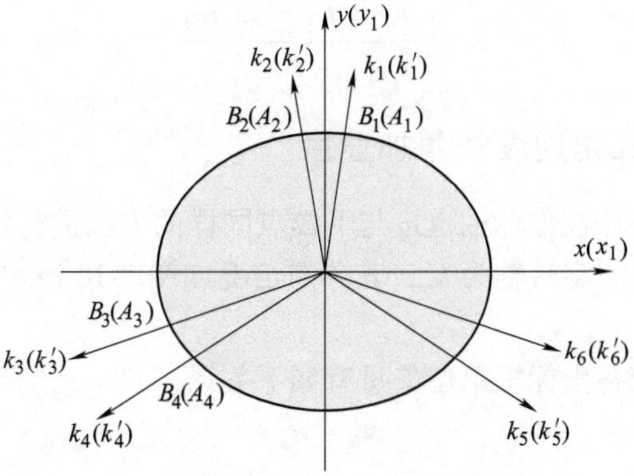

图 2-10 上下虎克铰各固定轴单位矢量分布图

度，可通过 $\boldsymbol{w}$ 叉乘式 $\dot{\boldsymbol{L}}_i = \dot{l}_i\boldsymbol{n}_i + \boldsymbol{\omega}_L \times \boldsymbol{L}_i$ 两边并化简得

$$\boldsymbol{\omega}_L = \frac{\boldsymbol{w} \times \dot{\boldsymbol{L}}_i - \boldsymbol{w} \times \dot{l}_i\boldsymbol{n}_i}{\boldsymbol{w} \cdot \boldsymbol{L}_i}$$

当电动缸的单位方向矢量与虎克铰的固定轴垂直位置时，电动缸的角速度将退化为

$$\boldsymbol{\omega}_L = \frac{\boldsymbol{n}_i \times \dot{\boldsymbol{L}}_i}{l_i}$$

虽然上式计算比较简单，但忽略了电动缸绕其轴线自转的角速度分量，对动力学分析计算会有一定的影响。

电动缸的角加速度，同样可通过 $\boldsymbol{w}$ 叉乘式 $\ddot{\boldsymbol{L}}_i = \ddot{l}_i\boldsymbol{n}_i + \dot{l}_i(\boldsymbol{\omega}_L \times \boldsymbol{n}_i) + \boldsymbol{\varepsilon}_L \times \boldsymbol{L}_i + \boldsymbol{\omega}_L \times \dot{\boldsymbol{L}}_i$ 并化简得

$$\boldsymbol{w} \times \ddot{\boldsymbol{L}}_i = (\boldsymbol{w} \cdot \boldsymbol{L}_i)\boldsymbol{\varepsilon}_L - (\boldsymbol{w} \cdot \boldsymbol{\varepsilon}_L)\boldsymbol{L}_i + \boldsymbol{w} \times [\ddot{l}_i\boldsymbol{n}_i + \dot{l}_i(\boldsymbol{\omega}_L \times \boldsymbol{n}_i) + \boldsymbol{\omega}_L \times \dot{\boldsymbol{L}}_i]$$

又因对于虎克铰两轴向瞬时转动速度的合速度，即电动缸角速度求导得如下关系式：

$$\boldsymbol{w} \cdot \boldsymbol{\varepsilon}_L = \boldsymbol{w} \cdot [\boldsymbol{\omega}_L \times (\boldsymbol{\omega}_L \cdot \boldsymbol{v})\boldsymbol{v}]$$

综合上述公式，得电动缸的角加速度如下：

$$\boldsymbol{\varepsilon}_L = \frac{\boldsymbol{w} \times \ddot{\boldsymbol{L}}_i + \{\boldsymbol{w} \cdot [\boldsymbol{\omega}_L \times (\boldsymbol{\omega}_L \cdot \boldsymbol{v})\boldsymbol{v}]\}\boldsymbol{L}_i - \boldsymbol{w} \times (\ddot{l}_i\boldsymbol{n}_i + \dot{l}_i(\boldsymbol{\omega}_L \times \boldsymbol{n}_i) + \boldsymbol{\omega}_L \times \dot{\boldsymbol{L}}_i)}{\boldsymbol{w} \cdot \boldsymbol{L}_i}$$

当忽略电动缸绕其轴线转动时，有 $\boldsymbol{\omega}_L \cdot \boldsymbol{n}_i = 0$，$\boldsymbol{\varepsilon}_L \cdot \boldsymbol{n}_i = 0$，则电动缸角加速度表达式将退化为

$$\boldsymbol{\varepsilon}_L = \frac{\boldsymbol{n}_i \times \ddot{\boldsymbol{L}}_i - 2\dot{\boldsymbol{l}}_i \boldsymbol{\omega}_L}{\boldsymbol{l}_i}$$

2.3.5 滚珠丝杠角速度和角加速度

同理，上端虎克铰坐标轴也按与下铰点同样的方法进行定义，如图 2-9 所示。上端虎克铰的固定转轴为 k_i'，其分布情况如图 2-10 所示，k_i' 与 L_i 的夹角为 γ'。

则上端虎克铰各坐标轴单位矢量有如下关系：

$$\boldsymbol{u}_i' = \boldsymbol{n}_i$$

$$\boldsymbol{v}_i' = \frac{\boldsymbol{k}_i' \times \boldsymbol{n}_i}{\|\boldsymbol{k}_i' \times \boldsymbol{n}_i\|} = \frac{\boldsymbol{k}_i' \times \boldsymbol{n}_i}{\sin\gamma'}$$

$$\boldsymbol{z}_i' = \frac{\boldsymbol{n}_i \times (\boldsymbol{k}_i' \times \boldsymbol{n}_i)}{\|\boldsymbol{n}_i \times (\boldsymbol{k}_i' \times \boldsymbol{n}_i)\|} = \boldsymbol{k}_i' - \boldsymbol{n}_i \cos\gamma'$$

同理，定义一个上端虎克铰无瞬时旋转方向矢量为 $\boldsymbol{w}'$，则 $\boldsymbol{w}'$垂直于上端虎克铰固定轴与活动轴确定的平面，且有如下关系式：

$$\boldsymbol{w}' = \frac{\boldsymbol{k}' \times (\boldsymbol{n} \times \boldsymbol{k}')}{\|\boldsymbol{k}' \times (\boldsymbol{n} \times \boldsymbol{k}')\|} = \boldsymbol{n} - \boldsymbol{k}' \cos\gamma'$$

滚珠丝杠除了随电动缸同步转动，还有绕自身轴线 $\boldsymbol{n}$ 的自转，根据角速度合成定理，滚珠丝杠的角速度 $\boldsymbol{\omega}_u$ 等于上述两部分之和，可得

$$\boldsymbol{\omega}_u = \boldsymbol{\omega}_L + (\boldsymbol{\omega}_p \cdot \boldsymbol{n})\boldsymbol{n} = \boldsymbol{\omega}_L + \boldsymbol{n}\boldsymbol{n}^{\mathrm{T}}\boldsymbol{\omega}_p$$

对上式进行时间求导，得滚珠丝杠角加速度 $\boldsymbol{\varepsilon}_u$ 为

$$\boldsymbol{\varepsilon}_u = \boldsymbol{\varepsilon}_L + \boldsymbol{n}\boldsymbol{n}^{\mathrm{T}}\boldsymbol{\varepsilon}_p - \boldsymbol{n}\boldsymbol{n}^{\mathrm{T}}\widetilde{\boldsymbol{\omega}}_L\boldsymbol{\omega}_p + \widetilde{\boldsymbol{\omega}}_L\boldsymbol{n}\boldsymbol{n}^{\mathrm{T}}\boldsymbol{\omega}_p$$

由上述推导分析可知，滚珠丝杠的角速度、角加速度不仅与电动缸转动有关，还与动平台转动相关，然而绝大部分分析都忽略了这种情况。

2.4 六自由度并联平台运动学正解

由于并联机构结构的复杂性，六自由度并联平台运动学正解属于非线性方程组求解问题，难度极大，目前求解的方法主要有解析法和数值法。解析法的优点是可以得到理论上的解析表达式，通过消元的方式得到方程组的全部解，但缺点是求解过程极其复杂，一个机构一种解法，没有通用性；数值法的优点是其数学模型比较简单，省去了烦琐的数学推导，缺点是计算速度比较慢，不能求出机构的所有位置解，并且最终的结果与初值的选取有直接

的关系。因此现有的解析法和数值法都有着共同的难点：一是要提供较好的初值，否则不易收敛；二是难以求得全部解，不利于机构分析与设计。而同伦连续法求并联机构的位置正解避免了上述问题，优点突出：一是具有全局收敛性，求解时不依赖于初值的选取；二是可求出方程组的全部封闭解。所以，本书利用同伦连续法求解六自由度并联平台运动学正解，求解过程中采用预估-校正法而非传统的欧拉法，避免了所求结果与精确解出现较大偏差的情况。

2.4.1 同伦连续法思路

设待求的非线性方程组为

$$F(\boldsymbol{X})=0$$

式中 $\boldsymbol{X}=[x_1,\ x_2,\ \cdots,\ x_n]^{\mathrm{T}}$，$F(\boldsymbol{X})=[F_1(\boldsymbol{X}),\ F_2(\boldsymbol{X}),\ \cdots,\ F_n(\boldsymbol{X})]^{\mathrm{T}}$；$F(\boldsymbol{X})$ 是定义在 n 维实域子域 $\boldsymbol{D}$ 上取值于 n 维实域的向量值函数，即 $F(\boldsymbol{X})$：$\boldsymbol{D}\subset\boldsymbol{R}^n\rightarrow\boldsymbol{R}^n$，而 $F_i(\boldsymbol{X})$ 是 $\boldsymbol{X}$ 的多元函数。

根据 $F(\boldsymbol{X})$ 构造一个含参量 t 的向量值函数 $H(t,\ \boldsymbol{X})$，$H(t,\ \boldsymbol{X})$：$[a,\ b]\times\boldsymbol{D}\subset\boldsymbol{R}^1\times\boldsymbol{R}^n$，$H(t,\ \boldsymbol{X})$ 称为 $F(\boldsymbol{X})$ 的同伦，t 称为同伦参数，得

$$H(t,\ \boldsymbol{X})=0$$

则上述方程组为同伦方程组。

同伦 $H(t,\ \boldsymbol{X})$ 必须满足两个条件：$H(b,\ \boldsymbol{X})=0$ 的解已知；$H(a,\ \boldsymbol{X})=F(\boldsymbol{X})$。

这样就可以从 $H(b,\ \boldsymbol{X})=0$ 已知解出发，从 $t=b$ 开始逐渐递减同伦参数 t 的值，跟踪同伦方程组的解，直到 $t=a$ 时，方程组 $H(a,\ \boldsymbol{X})=0$ 的解即为待解方程组 $F(\boldsymbol{X})=0$ 的解。

同伦连续法求解多项式方程组可分为如下三个步骤：

(1) 根据问题建立多项式方程组

$$F(\boldsymbol{X})=0$$

实际机构研究中出现的非线性方程组大部分都可转化为多项式方程组，如三角方程组，可利用万能公式将其转化为多项式方程组。

(2) 构造初始方程组

$$G(\boldsymbol{X})=0$$

若待解方程组 $F(\boldsymbol{X})=0$ 为完全方程组，可取 $G_i(\boldsymbol{X})=X_i^{d_i}-1$（$d_i$ 是 $F_i(\boldsymbol{X})$ 关于 $\boldsymbol{X}$ 的多项式的次数)，其全部解已知。若待解方程组为亏秩方程组，为了排除发散路径、减小计算量，初始方程组构造原则为：与待解方程组具有相同的齐次结构特征；解的数目应为待解方程组的 Bezout 数（待解方程组解数目的上限)，且没有重根；结构尽量简单，其解已知或易求。

(3) 构造同伦方程组

$$H(t,\ \boldsymbol{X}) = (1 - t)F(\boldsymbol{X}) + t\gamma G(\boldsymbol{X}) = 0$$

式中 $t \in [0,\ 1]$ 为同伦参数；$\gamma = e^{i\theta}$ 为任选复常数（虚部不为零）。

2.4.2 同伦路径搜索

同伦路径是指 t 由 1 到 0 连续取值，同伦方程组的解连接形成简单光滑曲线，其中每条曲线称为一条同伦路径。同伦路径具有如下特点：各条同伦路径之间不发生交叉；每一组解都有且仅有一条同伦路径与之相连接；同伦参数 t 是同伦路径弧长的单调函数；非零复常数 γ（虚部不为零）的引入，保证了同伦路径上的每一点均为同伦方程组的正则点（即偏导数矩 $\partial\boldsymbol{H}/\partial\boldsymbol{X}$ 满秩）。

同伦连续法求解过程中最为关键的步骤是路径搜索，即由 $t = 1$ 到 $t = 0$ 搜索同伦方程组解的过程。对同伦方程组两边对同伦参数 t 进行求导，可得

$$\begin{cases} \dfrac{\partial \boldsymbol{H}}{\partial \boldsymbol{X}} \dfrac{\mathrm{d}\boldsymbol{X}}{\mathrm{d}t} + \dfrac{\partial \boldsymbol{H}}{\partial t} = 0 \\ \boldsymbol{X} \mid t = 1 = \boldsymbol{X}^0 \quad t \in [0,1] \end{cases}$$

其中 $\boldsymbol{X}^0$ 是初始方程组 $G(\boldsymbol{X}) = 0$ 的一组解，则上式属于微分初值问题，因此路径搜索过程就是求解微分初值问题。

求解微分初值问题，欧拉法是比较传统的方法，但求解过程的每一步均有误差累积，导致所求结果与精确解之间往往有较大偏差。因此，本书采用预估-校正法，其原理为：对每一步均先采用欧拉法预估求出近似解，然后再以此近似解为初值，用牛顿迭代法进行校正，获得同伦路径上的精确点，搜索过程如图 2-11 所示。

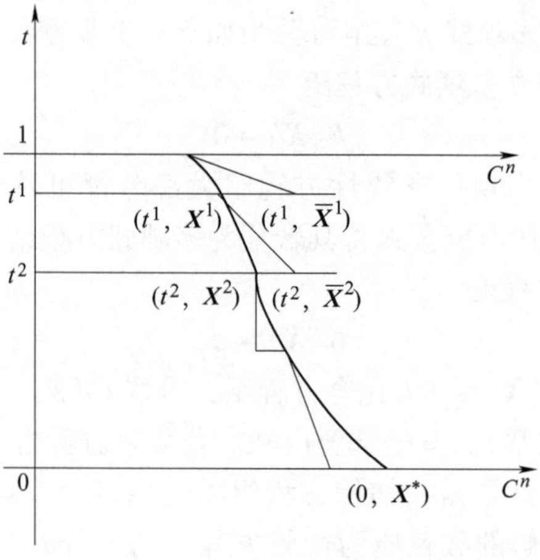

图 2-11 预估-校正法同伦路径搜索

当从起始点（t^0，$\boldsymbol{X}^0$）开始搜索路径时，先给出同伦参数 t 的增量 Δt，即 $t=t^1=t^0+\Delta t$，通过欧拉法预估求出同伦路径上的下一个近似点（t^1，$\overline{\boldsymbol{X}}^1$），即：

$$\overline{\boldsymbol{X}}^1=\boldsymbol{X}^0+\frac{\mathrm{d}\boldsymbol{X}}{\mathrm{d}t}\Delta t=\boldsymbol{X}^0-\left[\frac{\partial H}{\partial \boldsymbol{X}}\right]^{-1}\left[\frac{\partial H}{\partial t}\right]\Delta t$$

一般同伦路径会与近似点（t^1，$\overline{\boldsymbol{X}}^1$）存在一些偏差，所以需要用牛顿迭代法进行校正，迭代公式为

$$\overline{\boldsymbol{X}}^1=\overline{\boldsymbol{X}}^1-\left[\frac{\partial H}{\partial \boldsymbol{X}}\right]^{-1}H(t^1,\overline{\boldsymbol{X}}^1)$$

按式 $\overline{\boldsymbol{X}}^1=\overline{\boldsymbol{X}}^1-\left[\frac{\partial H}{\partial \boldsymbol{X}}\right]^{-1}H(t^1,\overline{\boldsymbol{X}}^1)$ 经过几次迭代后，则可获得同伦路径上的精确点（t^1，$\boldsymbol{X}^1$），然后再以点（t^1，$\boldsymbol{X}^1$）为起始点，进行下一轮的预估-校正，直到 $t=0$ 时得到待解方程组的解为止。如果按上式迭代多次仍不能得到同伦路径上的精确点，则将步长 Δt 减半，重复前一轮预估-校正。当 Δt 经过数次减半后变得相当小时，则认定此同伦路径发散，即沿此路径不能获得待解方程组的解。

算法迭代的终止条件为

$$\|H(t^i,\ \boldsymbol{X}^i)\|<\varepsilon$$

式中　ε 为精度要求的数值；i 为算法迭代的次数。

2.4.3　同伦连续法流程

同伦连续法求解六自由度并联平台位置正解的步骤如下：

1）建立六自由度并联平台运动学正解方程组 $F(\boldsymbol{X},\ L)=0$；

2）初始化各变量，输入精度 ε（一般取 10^{-5}）、复常数 r（虚部不为零）；

3）求出初始位姿 $\boldsymbol{X}_0$ 状态下的杆长 L_0，输入已知电动缸长度；

4）给同伦参数 t 的增量 Δt 赋值；

5）如果 $\mathrm{d}t>0$，则 $t=t-\mathrm{d}t$，否则 $t=t+\mathrm{d}t$；

6）构造初始方程组 $G(\boldsymbol{X})=0$，并求解；

7）构造同伦方程组 $H(t,\ \boldsymbol{X})=(1-t)F(\boldsymbol{X})+t\gamma G(\boldsymbol{X})=0$；

8）由上式预估路径上的下一个近似点（t^{i+1}，$\overline{\boldsymbol{X}}^{i+1}$），

计算 $s=\|H(t^{i+1},\ \overline{\boldsymbol{X}}^{i+1})\|$；

9）采用牛顿迭代公式进行校正，得到精确点（t^{i+1}，$\boldsymbol{X}^{i+1}$）；

10）计算 $s_1=\|H(t^{i+1},\ \boldsymbol{X}^{i+1})\|$；

11）若 $s_1 < \varepsilon$，则转到步骤 15）；

12）若 $s_1/s < 0.1$，则转到步骤 9）；

13）若 $\|\boldsymbol{X}^{i+1} - \overline{\boldsymbol{X}}^{i+1}\| > \varepsilon$，则取 $\Delta t = \Delta t/2$，并转到步骤 6）；

14）若 $\Delta t<\varepsilon$，则该路径发散，转到步骤 17）；

15）若 $t<0.1\varepsilon$，则求得解 x^* 并保存；

16）若还有其他路径未搜索，则转到步骤 4），否则转到步骤 17）；

17）结束。

2.4.4　正解方程组的求解

根据图 2-4，并结合式 $l_i = \sqrt{(t + Ra_i - B_i)^{\mathrm{T}}(t + Ra_i - B_i)}$，可得并联平台正解方程组为

$$F(\boldsymbol{X}, \boldsymbol{L}) = 0$$

式中　$\boldsymbol{X} = [x, y, z, \phi, \theta, \varphi]^{\mathrm{T}}$，$\boldsymbol{L} = [L_1, L_2, L_3, L_4, L_5, L_6]^{\mathrm{T}}$。

则式 $\dot{\boldsymbol{p}} = \boldsymbol{E}^{-1}\boldsymbol{\omega}_p$ 是一个关于变量 $\boldsymbol{X}$ 的六元高次非线性方程组，即已知参数 $\boldsymbol{L}$，求解未知数 $\boldsymbol{X}$ 的六自由度并联平台正解的数学问题。为构造多项式方程组，令 $x_4=\tan(\phi/2)$，$x_5=\tan(\theta/2)$，$x_6=\tan(\varphi/2)$，则并联平台正解方程为

$$\begin{aligned} F_i(\boldsymbol{X}, \boldsymbol{L}) = {} & (1 + x_4^2)(1 + x_5^2)(1 + x_6^2) \\ & [(x_1 + R_{11}a_{ix} + R_{12}a_{iy} + R_{13}a_{iz} - B_{ix})^2 + \\ & (x_2 + R_{21}a_{ix} + R_{22}a_{iy} + R_{23}a_{iz} - B_{iy})^2 + \\ & (x_3 + R_{31}a_{ix} + R_{32}a_{iy} + R_{33}a_{iz} - B_{iz})^2 - L_i^2] = 0 \end{aligned}$$

六自由度并联平台运动学正解方程组中 6 个方程次数均为 7，其总次数为 TD=7×7×7×7×7×7=117649，将方程组变量分为 $\{x_4\}$、$\{x_5\}$、$\{x_6\}$ 与 $\{x, y, z\}$ 等四组，则在 6 个方程中，前 3 组变量最高次数均为 2，第 4 组变量次数为 1。依据多项式方程组 Bezout 数（BN）的计算公式，Bezout 数等于式 $(2\lambda_1 + 2\lambda_2 + 2\lambda_3 + \lambda_4)^6$ 中 $\lambda_1\lambda_2\lambda_3\lambda_4^3$ 项的系数，经计算有 BN=960。根据初始方程组构造原则，有

$$\begin{cases} G_1(\boldsymbol{X}) = (X_4^2 - 1)(X_5^2 - 1)(X_6^2 - 1)(X_1 - 1) = 0 \\ G_2(\boldsymbol{X}) = (X_4^2 - 4)(X_5^2 - 4)(X_6^2 - 4)(X_2 - 2) = 0 \\ G_3(\boldsymbol{X}) = (X_4^2 - 9)(X_5^2 - 9)(X_6^2 - 9)(X_1 - X_2) = 0 \\ G_4(\boldsymbol{X}) = (X_4^2 - 16)(X_5^2 - 16)(X_6^2 - 16)(X_1 + X_2) = 0 \\ G_5(\boldsymbol{X}) = (X_4^2 - 25)(X_5^2 - 25)(X_6^2 - 25)(X_3 - X_1) = 0 \\ G_6(\boldsymbol{X}) = (X_4^2 - 36)(X_5^2 - 36)(X_6^2 - 36)(X_3 - X_2) = 0 \end{cases}$$

则同伦方程组为

$$H_i(t, \boldsymbol{X}) = (1-t)F_i(\boldsymbol{X}) + t\gamma G_i(\boldsymbol{X}) = 0$$

所以，对所有以初始方程组解为起始点的同伦路径进行搜索，就可求出并联平台正解的全部解。

2.5 六自由度并联平台运动学仿真求解方法

上文通过数学理论方法对并联平台运动学正、反解进行了分析与求解，其优点是：求解精确、能够对正解进行完全求解。但在工程实际中，由于并联机构正解求解的复杂性，解析法并不实用，需要大量的数学计算和编程工作，很难直观描述空间运动。特别是并联机构正解问题的多解性，需要研究算法，工作量很大且容易出错。所以，如何快速、有效地实现并联平台运动学正、反解分析，是目前工程中并联机构运动学所要解决的主要问题之一。

功能虚拟样机技术是近年来在产品开发的 CAX 和 DFX 等技术基础上发展起来的，它进一步融合了现代信息、先进仿真和制造技术，并将这些技术应用于复杂系统全生命周期，利用功能虚拟样机代替物理样机对产品进行创新设计、测试和评估，以缩短开发周期，降低开发成本，改进设计质量，提高开发创新能力。为此，在对并联平台进行前述理论分析的基础上，利用功能虚拟样机技术，从仿真分析的角度对并联平台进行运动学分析，即应用 CATIA 和 ADAMS 进行联合建模与仿真，提出了一种工程中比较快速实用的运动学正反解分析方法，即虚拟样机运动学仿真分析法。

2.5.1 功能虚拟样机建模

利用 CATIA 建立机构的零部件三维实体模型，根据机构结构关系进行整机装配，并进行零部件间的干涉与碰撞检查，满足要求后，通过嵌入 CATIA 中的 SD Motion 功能模块进行边界条件的设置，生成六自由度并联平台虚拟样机模型，再将建好的模型导入 ADAMS 中进行机构的运动学仿真分析。建模与仿真流程如图 2-12 所示；运动学求解流程如图 2-13 所示。

1. 三维实体建模

六自由度并联平台结构原理如图 2-3 所示。依据所设计的并联平台，其结构参数为：下平台半径 3240mm，上平台半径 2228mm，底位电动缸长度 3345mm，底位高度 2078mm，相邻上、下铰点间距离均为 300mm，最大行程为 1630mm。

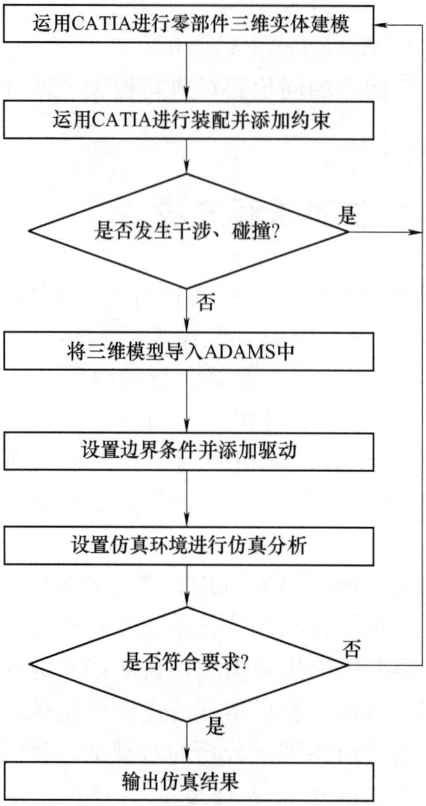

图 2-12 建模与仿真流程图

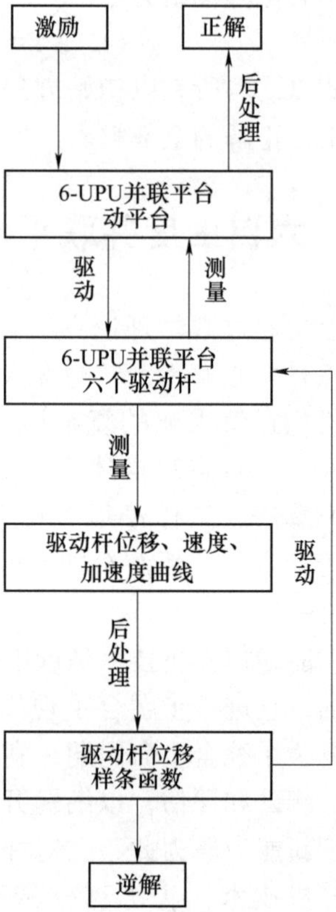

图 2-13 运动学求解流程图

根据实际的结构参数数据，利用 CATIA 对六自由度并联平台进行三维实体建模和装配，并进行零部件的间隙、干涉和碰撞检查等后处理，避免了 ADAMS 在相同零件进行建模时的重复性工作，克服 ADAMS 在建立复杂模型时零部件装配难以精确捕捉的不足。图 2-14 为六自由度并联平台在 CATIA 中所建的三维模型装配图。

2. 模型导入及边界条件设置

六自由度并联平台三维实体模型建好后，不必退出 CATIA 运行环境，直接利用 CATIA 内嵌的 SD Motion 功能模块就可以将建好的几何模型生成 *.cmd 文件，并成功地导入 ADAMS 中，方便地实现 CATIA 和 ADAMS 间数据的无缝交换，且不丢失各种数据。

在 ADAMS 中对六自由度并联平台进行相关边界条件和约束条件的设置，包括等效上平台的质量、质心位置、转动惯量、惯性参考点的位置等；电动

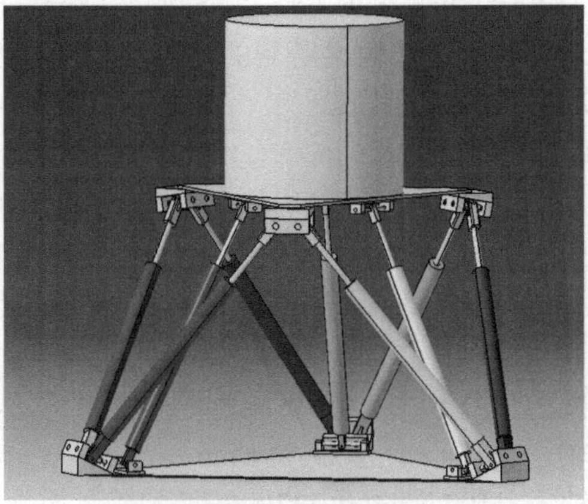

图 2-14 三维模型装配图

缸及滚珠丝杠的质心、质量、转动惯量（依据实际尺寸建模）；考虑到每条支链的行程限制，利用位移传感器设置电动缸长度约束条件（行程 1630mm）。这样就得到了可以进行多刚体系统运动学仿真分析的功能虚拟样机模型，如图 2-15 所示。

图 2-15 功能虚拟样机模型

2.5.2 运动学仿真方法

工程实际中，六自由度并联平台通过协同改变六根可以伸缩的电动缸长度来实现并联机构动平台的运动，即沿 X、Y、Z 轴的平移和绕 X、Y、Z 轴的转动。在建好功能虚拟样机模型的基础上，利用 ADAMS 通过调用 ADAMS/

PostProcessor 模块，对六自由度并联平台运动学问题进行分析和数据处理，获得各个构件的各种运动特性，并输出所需的动画和数据曲线，从而能够清晰地观察六自由度并联平台的运动规律。

1. 运动学反解

六自由度并联平台运动学反解问题是利用已知动平台的位姿、速度及加速度指标值来求各个电动缸的位移、速度及加速度。依据某型飞行模拟器位移、速度、加速度性能指标（见附录），动平台在各个自由度上的运动函数如下：

纵向运动（X 轴）：1410 * sin(0.709 * time)

侧向运动（Y 轴）：1160 * sin(0.862 * time)

升降运动（Z 轴）：1100 * sin(0.727 * time)

横滚运动（X 轴）：26d * sin(0.923 * time)

俯仰运动（Y 轴）：28d * sin(0.750 * time)

偏航运动（Z 轴）：32d * sin(0.844 * time)

在进行每个单自由度运动时，其他各自由度运动驱动均设为零，仿真时间 time=100s、步长为 300。动平台按照给定的运动函数运动时（本书仅以俯仰为例），利用 ADAMS/Measure 测量出运动过程中电动缸滚珠丝杠的伸缩位移、速度及加速度与时间的变化关系曲线，如图 2-16~图 2-18 所示。但由于电动缸滚珠丝杠的测量曲线是位移与时间关系曲线，只有时间一个自变量，所以采用三次多项式进行插值运算，应用 PostProcessor 模块打开曲线编辑工具，分别把六条位移曲线转化成样条曲线，经过处理后，该曲线就是六自由度并联平台的反解，也是求解正解时的驱动函数。

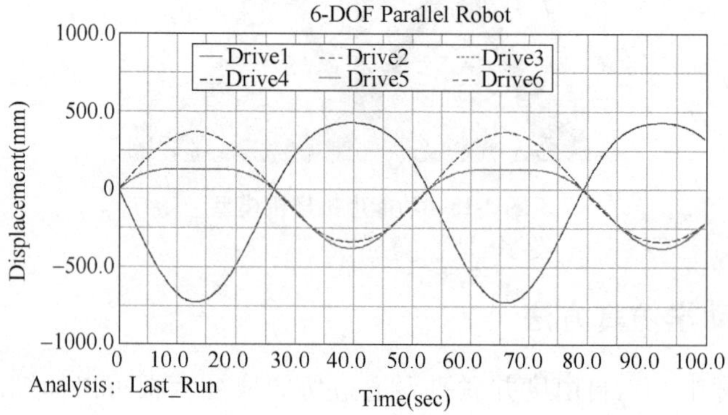

图 2-16　电动缸位移曲线

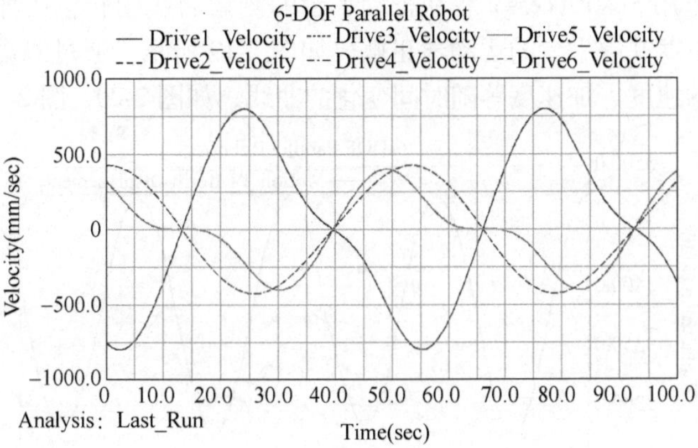

图 2-17 电动缸速度曲线

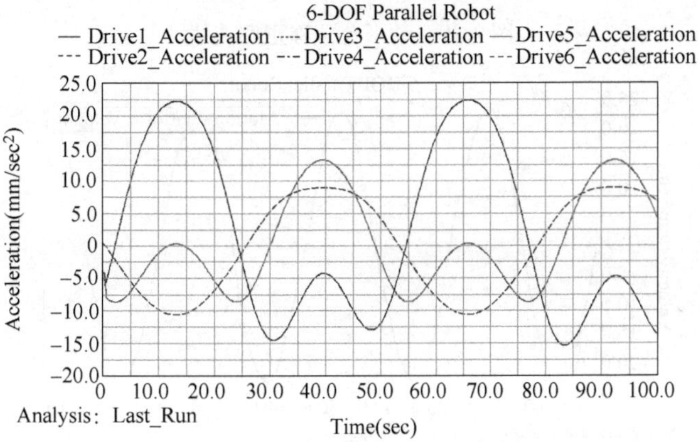

图 2-18 电动缸加速度曲线

2. 运动学正解

对六自由度并联平台来说，反解分析一般较简单，而正解分析一直是并联机构运动学研究的难点。虽然正解运动方程高度非线性且没有闭环解，但它是构造并联机构工作空间数值算法、求解机构末端实际运动轨迹和在线精度补偿的理论基础。下面就利用 ADAMS 依据并联平台反解分析的结果，即电动缸滚珠丝杠运动规律的样条曲线，把该曲线离散数据点作为已知条件，生成六个电动缸滚珠丝杠位移随时间变化的驱动函数，分别为：Motion(n)：CUBSPL(time，0，Spline(n)，0)；其中 n=1，…，6（整数）。

至此，六个电动缸滚珠丝杠的驱动函数就已设置好了，并设置仿真参数时间 time=100s、步长为 300，进行仿真分析，获得并联机构动平台的运动轨迹曲线，再采用 PostProcessor 模块把动平台的测量曲线图转化成样条函数，就得到了六自由度并联平台的运动学正解，如图 2-19 所示。通过测量功能还可以测得动平台的速度、加速度等随时间变化的曲线，如图 2-20、图 2-21 所示。

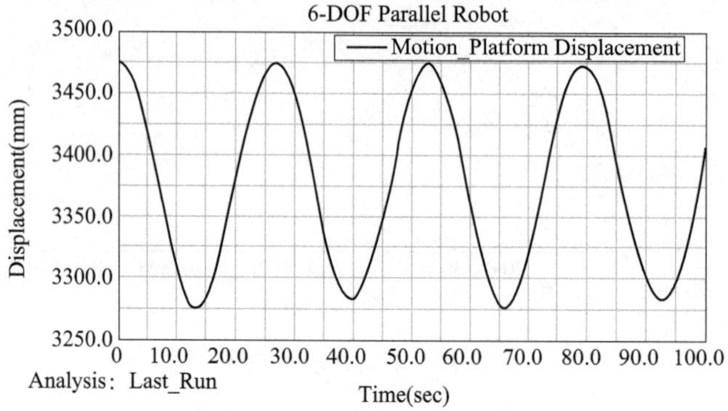

图 2-19　动平台位移正解曲线

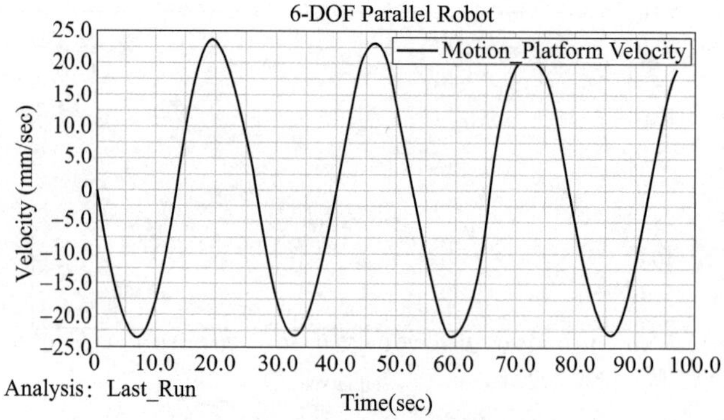

图 2-20　动平台速度正解曲线

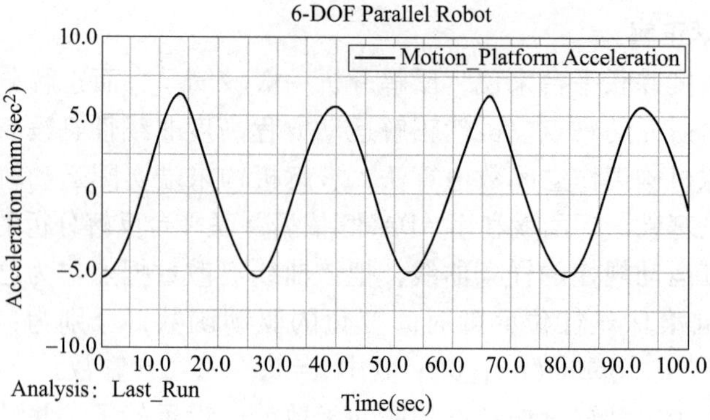

图 2-21　动平台加速度正解曲线

从仿真曲线及生成的数据文件可以看出，应用 CATIA 和 ADAMS 联合仿真求解并联机构的正反解等运动学问题是可行的，结果也是正确的，是一种解决工程实际问题非常快速有效的方法，为机构动力学分析、驱动设备选型、结构型综合等提供了理论依据。

2.5.3　运动学仿真分析方法结论

通过用解析与仿真两种方法对六自由度并联平台的运动学进行分析，得出了工程中功能虚拟样机仿真分析方法求解运动学问题的实用性，体现了运用 CATIA 和 ADAMS 进行运动学分析的优点：

1）有效实现了并联平台机构干涉与碰撞检查，直观清晰地分析了机构结构设计的合理性。

2）不必对结构的运动学方程及其求解进行烦琐的数学分析、推导和论证，可以很快得到运动学正解。

3）测出了电动缸伸缩位移、速度及加速度的运动规律，并生成驱动函数曲线，为真实模拟六自由度并联平台的动力学仿真及进一步控制研究奠定了基础。

4）该方法避免了大量编程和烦琐的数学计算，提高了工作效率，降低了开发成本，节省了大量时间和人力。

总之，应用 CATIA 和 ADAMS 进行六自由度并联平台运动学仿真分析是一种快速有效的实用方法。此方法不但可以进行机构型综合，还可快速地进行机构的运动学与动力学分析，同时也能对科研人员自编程序的通用性和正确性进行验证，大大加快了创新的步伐，为机构的研究提供了一种实用的方法和思路，在分析和研制新型机构方面具有重要的现实意义。

第3章

六自由度并联平台动力学与驱动系统

3.1 引言

与运动学分析相比，动力学研究显得较为复杂，尤其在本书所研究的高速大负载运动平台上更显突出。其研究内容包括机构的惯性力计算、受力分析、动力平衡、动力学建模、计算机动态仿真、动态参数识别、弹性动力学分析等。实际上动力学分析也包括两类问题，即动力学正问题（动力学响应）与动力学逆问题（动态静力分析）。动力学正问题是指已知各主动关节所提供的驱动力或力矩随时间的变化规律，求动平台的位移、速度和加速度等，它是运动平台动态仿真的基础；而动力学逆问题是指已知动平台规划的运动路径和其上各点的速度、加速度，求解并联平台运动所要提供给主动关节随时间变化的驱动力或力矩问题，这是基于逆动力学控制器设计的基础，也是进行动态参数优化的依据。

在这些分析中，动力学建模是诸多动力学问题中最重要的方面。由于并联机构的复杂性，其动力学模型通常是一个多自由度、多变量、高度非线性、多参数耦合的复杂系统，而这种复杂性是由机构动力学内在的、本质的复杂性决定的。目前，并联机构动力学建模方法主要有牛顿-欧拉法、拉格朗日法、凯恩法、休斯敦法、达朗贝尔原理、虚功原理法、高斯法、旋量（对偶数）法、罗伯逊-魏登堡法和影响系数法等，其中牛顿-欧拉法和拉格朗日法是最常用的建模方法，而虚功原理法被认为是建模效率最高的方法。以上这些方法在工程实际中均有应用，目前各种并联机构的简化动力学建模已不是主要问题，主要问题是如何平衡精确建模与缩短动力学模型计算时间之间的矛盾。为提高动力学的求解效率，研究人员进行了各种方法的探讨，例如：改进动力学的建模方法、忽略动力学模型中的次要因素、动力学模型的线性化处理，以及采用并行计算等。

过去所研究的六自由度并联机构大部分都集中在以液压系统为驱动源，以 6-SPS、6-UPS、6-SPU 或 6-RSS 等铰接副为连接形式的并联运动载体，而针对以电机为驱动源、上下铰都是虎克铰的六自由度大负载并联平台为运动载体的相关研究较少。因此，本章首先采用牛顿-欧拉法并结合达朗贝尔原理对并联平台动力学模型进行完整与简化对比分析，然后在对驱动源及伺服电动缸分析与设计的基础上，对考虑电气驱动部分在内的铰点空间并联平台进行完整动力学建模。

3.2　六自由度并联平台动力学理论

以固定点 O 为基点建立参考基 e^r，设 $\boldsymbol{r}_k$ 为质点系内任意点 p_k 相对于点 O 的矢径，m_k 为点 p_k 的质量。令 $\boldsymbol{r}$ 为系统的质心 C 相对于点 O 的矢径，如图 3-1 所示。由质心定义有 $m\boldsymbol{r}=\sum m_k\boldsymbol{r}_k$。

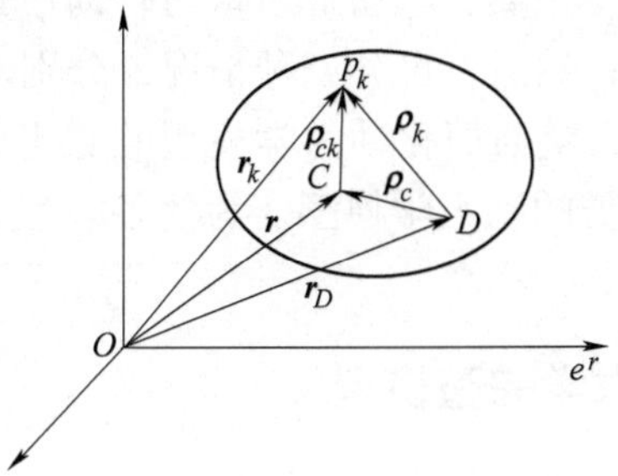

图 3-1　刚体中各点位置矢量图

该质点系所遵循的牛顿定律为

$$\sum m_k\ddot{\boldsymbol{r}}_k=\sum \boldsymbol{F}_k$$

则有

$$m\ddot{\boldsymbol{r}}=\boldsymbol{F}$$

式中　$\boldsymbol{F}_k$ 为质点 p_k 所受的外力；$\boldsymbol{F}$ 为作用在系统各质点上的外力主矢。

矢量方程 $m\ddot{\boldsymbol{r}}=\boldsymbol{F}$ 的坐标式称为牛顿方程。

如将连体基（$\boldsymbol{e}^b$）作为动参考基，令 $\boldsymbol{\omega}$ 为 $\boldsymbol{e}^b$ 相对于 $\boldsymbol{e}^r$ 的角速度，考虑到惯量张量在 $\boldsymbol{e}^b$ 上的坐标阵为常值阵，则惯量张量在 $\boldsymbol{e}^b$ 上对时间的导数为零张量，结合图 3-1 则有

$$\boldsymbol{J}_D\dot{\boldsymbol{\omega}}+\boldsymbol{\omega}\times\boldsymbol{J}_D\boldsymbol{\omega}=\boldsymbol{M}_D$$

式中　$\boldsymbol{J}_D=\sum m_k[(\boldsymbol{\rho}_k\cdot\boldsymbol{\rho}_k)I-\boldsymbol{\rho}_k\boldsymbol{\rho}_k]$；$\boldsymbol{M}_D=\sum\boldsymbol{\rho}_k\times\boldsymbol{F}_k$ 为作用在系统各质点上

的外力对于点 D 的主矩。

式 $\boldsymbol{J}_D\dot{\boldsymbol{\omega}}+\boldsymbol{\omega}\times\boldsymbol{J}_D\boldsymbol{\omega}=\boldsymbol{M}_D$ 的坐标阵形式为刚体的欧拉方程。

3.3 六自由度并联平台逆动力学

本书所研究的大负载六自由度并联电动平台与以往的 6-SPS、6-UPS 或 6-SPU 等铰接副为连接形式的并联机构相比，其主要不同点在于：采用双端虎克铰，提高了平台的承载能力；由于采用双端虎克铰，所以电动缸的滚珠丝杠装置除与电动缸（下部构件）一起转动外，还绕滚珠丝杠轴线自转；以交流伺服电机作为大负载驱动源；驱动电机整体固定于电动缸上，致使电动缸质心偏离轴线较大。而在一些国内外文献和工程实际分析中往往都忽略这些不同点，把很多问题简单化，造成动力学分析存在较大误差。因此，首先采用牛顿-欧拉法并结合达朗贝尔原理，充分考虑上述各不同因素，在不忽略滚珠丝杠自转、各铰接副间摩擦、电动缸质量与转动惯量的基础上，对并联平台进行动力学完整分析；然后，再分三种情况，分别对并联平台进行动力学简化分析；最后通过对完整与简化动力学模型的对比分析，得出下一步优化设计与控制策略研究所需的动力学模型。为使各表达式清晰、简洁，若无特别说明 $i=1,2,\cdots,6$。

3.3.1 并联平台动力学完整模型

以六自由度并联平台为研究对象，利用牛顿-欧拉法推导完整逆动力学模型。如前所述，滚珠丝杠与电动缸的连体坐标系分别定义为 A_i-$u'v'z'$ 与 B_i-uvz，方向位置关系如图 2-9 所示，单缸受力分析如图 3-2 所示。因此，第 i 个滚珠丝杠与电动缸相对于固定坐标系的旋转变换矩阵分别为 $\boldsymbol{T}_{Ui}$ 和 $\boldsymbol{T}_{Di}$，则其表达式为

$$\boldsymbol{T}_{Ui}=\left[\boldsymbol{n}_i \quad \frac{\boldsymbol{k}_i'\times\boldsymbol{n}_i}{\|\boldsymbol{k}_i'\times\boldsymbol{n}_i\|} \quad \frac{\boldsymbol{n}_i\times(\boldsymbol{k}_i'\times\boldsymbol{n}_i)}{\|\boldsymbol{n}_i\times(\boldsymbol{k}_i'\times\boldsymbol{n}_i)\|}\right]$$

$$\boldsymbol{T}_{Di}=\left[\boldsymbol{n}_i \quad \frac{\boldsymbol{k}_i\times\boldsymbol{n}_i}{\|\boldsymbol{k}_i\times\boldsymbol{n}_i\|} \quad \frac{\boldsymbol{n}_i\times(\boldsymbol{k}_i\times\boldsymbol{n}_i)}{\|\boldsymbol{n}_i\times(\boldsymbol{k}_i\times\boldsymbol{n}_i)\|}\right]$$

在动平台连体坐标系（O_1-$x_1y_1z_1$）中，动平台质量为 m_p、质心位置矢量为 $\boldsymbol{r}_p'$、转动惯量为 $\boldsymbol{I}_p'$，则动平台在固定坐标系中的转动惯量为 $\boldsymbol{I}_p=\boldsymbol{R}\boldsymbol{I}_p'\boldsymbol{R}^{\mathrm{T}}$，其质心在固定坐标系中的位置矢量为 $\boldsymbol{r}_p=\boldsymbol{R}\boldsymbol{r}_p'$；在滚珠丝杠连体坐标系（$A_i$-$u'v'z'$）中，滚珠丝杠质量为 m_u、旋转原点位于质心处连体标系内的转动惯量

为 $\boldsymbol{J}'_u$、质心到虎克铰中心的位置矢量为 $\boldsymbol{r}'_u$，则滚珠丝杠在固定坐标系中的转动惯量为 $\boldsymbol{J}_u$，其质心在固定坐标系中到下铰点的位置矢量为 $\boldsymbol{r}_u$；在电动缸连体坐标系（B_i-uvz）中，电动缸质量为 m_d、旋转原点位于质心处的连体坐标系内的转动惯量为 $\boldsymbol{J}'_d$、质心到虎克铰中心的位置矢量为 $\boldsymbol{r}'_d$，则电动缸在固定坐标系中的转动惯量为 $\boldsymbol{J}_d$，其质心在固定坐标系中的位置矢量为 $\boldsymbol{r}_d$。则依据坐标变换、刚体转动惯量平行轴定理，在固定坐标系中 $\boldsymbol{r}_u$、$\boldsymbol{r}_d$、$\boldsymbol{J}_u$、$\boldsymbol{J}_d$ 分别为

$$\boldsymbol{r}_u = \boldsymbol{T}_u[\boldsymbol{L} + \boldsymbol{r}'_u \quad 0 \quad 0]^{\mathrm{T}}$$

$$\boldsymbol{r}_d = \boldsymbol{T}_d[\boldsymbol{r}'_d \quad 0 \quad 0]^{\mathrm{T}}$$

$$\boldsymbol{J}_u = \boldsymbol{T}_u\boldsymbol{J}'_u\boldsymbol{T}_u^{\mathrm{T}}$$

$$\boldsymbol{J}_d = \boldsymbol{T}_d\boldsymbol{J}'_d\boldsymbol{T}_d^{\mathrm{T}}$$

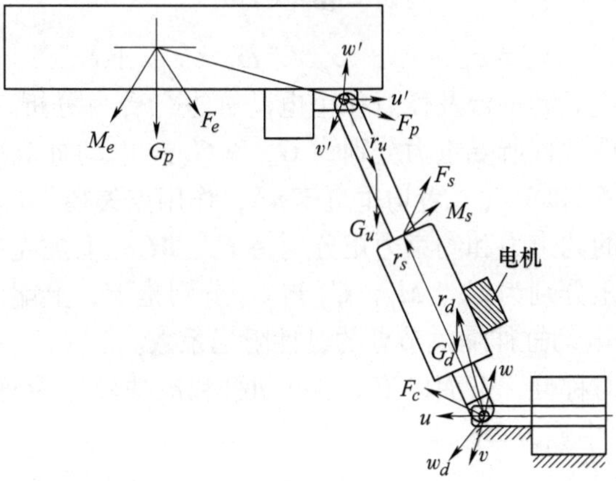

图 3-2 单缸受力分析图

根据角速度合成定理，由式 $\boldsymbol{\omega}_u = \boldsymbol{\omega}_L + (\boldsymbol{\omega}_p \cdot \boldsymbol{n})\boldsymbol{n} = \boldsymbol{\omega}_L + \boldsymbol{n}\boldsymbol{n}^{\mathrm{T}}\boldsymbol{\omega}_p$ 与式 $\boldsymbol{r}_u = \boldsymbol{T}_u[\boldsymbol{L} + \boldsymbol{r}'_u \quad 0 \quad 0]^{\mathrm{T}}$，可得在固定坐标系中滚珠丝杠质心的速度 $\boldsymbol{v}_u$、加速度 $\boldsymbol{a}_u$ 分别为

$$\boldsymbol{v}_u = \boldsymbol{\omega}_u \times \boldsymbol{r}_u + (\boldsymbol{n} \cdot \dot{\boldsymbol{L}})\boldsymbol{n}$$

$$\boldsymbol{a}_u = \ddot{\boldsymbol{l}}\boldsymbol{n} + \boldsymbol{\varepsilon}_u \times \boldsymbol{r}_u + \boldsymbol{\omega}_u \times (\boldsymbol{\omega}_u \times \boldsymbol{r}_u) + 2\dot{\boldsymbol{l}}\boldsymbol{\omega}_u \times \boldsymbol{n}$$

由式 $\boldsymbol{\varepsilon}_L = \dfrac{\boldsymbol{w} \times \ddot{\boldsymbol{L}}_i + \{\boldsymbol{w} \cdot [\boldsymbol{\omega}_L \times (\boldsymbol{\omega}_L \cdot \boldsymbol{v})\boldsymbol{v}]\}\boldsymbol{L}_i - \boldsymbol{w} \times (\ddot{\boldsymbol{l}}_i\boldsymbol{n}_i + \dot{\boldsymbol{l}}_i(\boldsymbol{\omega}_L \times \boldsymbol{n}_i) + \boldsymbol{\omega}_L \times \dot{\boldsymbol{L}}_i)}{\boldsymbol{w} \cdot \boldsymbol{L}_i}$

与式 $\boldsymbol{r}_d = \boldsymbol{T}_d[\boldsymbol{r}'_d \quad 0 \quad 0]^{\mathrm{T}}$，可得在固定坐标系中，电动缸质心的速度 $\boldsymbol{v}_d$、加速度 $\boldsymbol{a}_d$ 分别为

$$\boldsymbol{v}_d = \boldsymbol{\omega}_l \times \boldsymbol{r}_d$$

$$\boldsymbol{a}_d = \boldsymbol{\varepsilon}_l \times \boldsymbol{r}_d + \boldsymbol{\omega}_l \times (\boldsymbol{\omega}_l \times \boldsymbol{r}_d)$$

由式

$$\boldsymbol{\varepsilon}_p = \dot{\boldsymbol{E}}\dot{\boldsymbol{p}} + \boldsymbol{E}\ddot{\boldsymbol{p}} = \begin{bmatrix} 0 & 0 & -\cos\boldsymbol{\theta}\cdot\dot{\boldsymbol{\theta}} \\ 0 & -\sin\boldsymbol{\phi}\cdot\dot{\boldsymbol{\phi}} & -\sin\boldsymbol{\theta}\cdot\sin\boldsymbol{\phi}\cdot\dot{\boldsymbol{\theta}} + \cos\boldsymbol{\theta}\cdot\cos\boldsymbol{\phi}\cdot\dot{\boldsymbol{\phi}} \\ 0 & -\cos\boldsymbol{\phi}\cdot\dot{\boldsymbol{\phi}} & -\sin\boldsymbol{\theta}\cdot\cos\boldsymbol{\phi}\cdot\dot{\boldsymbol{\theta}} - \cos\boldsymbol{\theta}\cdot\sin\boldsymbol{\phi}\cdot\dot{\boldsymbol{\phi}} \end{bmatrix}\begin{bmatrix} \dot{\boldsymbol{\theta}} \\ \dot{\boldsymbol{\varphi}} \\ \dot{\boldsymbol{\phi}} \end{bmatrix} +$$

$$\begin{bmatrix} 1 & 0 & -\sin\boldsymbol{\theta} \\ 0 & \cos\boldsymbol{\phi} & \cos\boldsymbol{\theta}\sin\boldsymbol{\phi} \\ 0 & -\sin\boldsymbol{\phi} & \cos\boldsymbol{\theta}\cos\boldsymbol{\phi} \end{bmatrix}\begin{bmatrix} \ddot{\boldsymbol{\theta}} \\ \ddot{\boldsymbol{\varphi}} \\ \ddot{\boldsymbol{\phi}} \end{bmatrix}$$

可得在固定坐标系中动平台质心的速度、加速度分别为

$$\boldsymbol{v}_p = \boldsymbol{\omega}_p \times \boldsymbol{r}_p$$

$$\boldsymbol{a}_p = \boldsymbol{\varepsilon}_p \times \boldsymbol{r}_p + \boldsymbol{\omega}_p \times (\boldsymbol{\omega}_p \times \boldsymbol{r}_p) + \ddot{\boldsymbol{t}}$$

不失一般性，对动平台及任意一个电动缸进行受力分析，如图 3-2 所示，其中电动缸和滚珠丝杠所受重力分别为 $\boldsymbol{G}_d$ 和 $\boldsymbol{G}_u$； 电动缸对滚珠丝杠的作用力和力矩分别为 $\boldsymbol{F}_s$ 和 $\boldsymbol{M}_s$（二者均垂直于 $\boldsymbol{n}$），作用点矢径为 $\boldsymbol{r}_s$（$\boldsymbol{r}_s = T_d\boldsymbol{r}_s'$）； 电动缸受到虎克铰的约束力和约束力矩分别为 $\boldsymbol{F}_c$、$\boldsymbol{M}_c$；上虎克铰对滚珠丝杠的约束力和约束力矩分别为 $\boldsymbol{F}_p$、$\boldsymbol{M}_p$；$\boldsymbol{C}_d$ 与 $\boldsymbol{C}_u$ 分别是下、上端虎克铰处的黏性阻尼系数；$\boldsymbol{C}_s$ 是电动缸伸缩关节处的黏性阻尼系数。

由于结构的对称性，下面以第 i 根电动缸和滚珠丝杠为研究对象，在 B_i-uvz 坐标系中建立牛顿方程：

$$m_d\boldsymbol{a}_d = m_d\boldsymbol{g} + \boldsymbol{F}_s - \boldsymbol{F}_c - C_s\dot{\boldsymbol{L}}\cdot\boldsymbol{n}$$

$$m_u\boldsymbol{a}_u = m_u\boldsymbol{g} + \boldsymbol{F}_p - \boldsymbol{F}_s + C_s\dot{\boldsymbol{L}}\cdot\boldsymbol{n}$$

将式 $m_u\boldsymbol{a}_u = m_u\boldsymbol{g} + \boldsymbol{F}_p - \boldsymbol{F}_s + C_s\dot{\boldsymbol{L}}\cdot\boldsymbol{n}$ 中的各矢量向滚珠丝杠轴线方向投影，得滚珠丝杠的轴向驱动力为

$$\boldsymbol{n}\cdot\boldsymbol{F}_s = \boldsymbol{n}\cdot\boldsymbol{F}_p + C_s\ddot{\boldsymbol{l}} + \boldsymbol{n}\cdot m_u\boldsymbol{g} - \boldsymbol{n}\cdot m_u\boldsymbol{a}_u$$

即

$$\boldsymbol{f}_s = \boldsymbol{n}\cdot m_u(\boldsymbol{g} - \boldsymbol{a}_u) + \boldsymbol{f}_p + C_s\dot{\boldsymbol{l}}$$

式中　$\boldsymbol{f}_s = \boldsymbol{n}\cdot\boldsymbol{F}_s = [f_{s1} \quad f_{s2} \quad f_{s3} \quad f_{s4} \quad f_{s5} \quad f_{s6}]^{\mathrm{T}}$ 为电动缸轴向驱动力；$\boldsymbol{f}_p = \boldsymbol{n}\cdot\boldsymbol{F}_p = [f_{p1} \quad f_{p2} \quad f_{p3} \quad f_{p4} \quad f_{p5} \quad f_{p6}]^{\mathrm{T}}$ 为上铰点轴向约束力。

在下铰点 B_i 对第 i 根电动缸和滚珠丝杠进行分析，则在 B_i-uvz 坐标系中建立欧拉方程为

$$\boldsymbol{M}_d = \boldsymbol{J}_d\boldsymbol{\varepsilon}_L + \boldsymbol{\omega}_L \times \boldsymbol{J}_d\boldsymbol{\omega}_L = \boldsymbol{r}_d \times m_d\boldsymbol{g} - \boldsymbol{r}_d \times m_d\boldsymbol{a}_d + \boldsymbol{r}_s \times \boldsymbol{F}_s + \boldsymbol{M}_s - \boldsymbol{M}_c\boldsymbol{w} - C_d\boldsymbol{\omega}_L$$

$$\begin{aligned}\boldsymbol{M}_u &= \boldsymbol{J}_u\boldsymbol{\varepsilon}_u + \boldsymbol{\omega}_u \times \boldsymbol{J}_u\boldsymbol{\omega}_u \\ &= \boldsymbol{r}_u \times m_u\boldsymbol{g} - \boldsymbol{r}_u \times m_u\boldsymbol{a}_u - \boldsymbol{r}_s \times \boldsymbol{F}_s - \boldsymbol{M}_s - \boldsymbol{L} \times \boldsymbol{F}_p - C_u(\boldsymbol{\omega}_u - \boldsymbol{\omega}_p)\end{aligned}$$

由电动缸和滚珠丝杠的牛顿–欧拉方程，还可计算出下虎克铰处的约束力和约束力矩，则由上式相加，整理得下虎克铰处的约束力方程为

$$\boldsymbol{F}_c = m_d(\boldsymbol{g} - \boldsymbol{a}_d) + m_u(\boldsymbol{g} - \boldsymbol{a}_u) + \boldsymbol{F}_p$$

下虎克铰处的约束力矩方程为

$$\begin{aligned}\boldsymbol{M}_c\boldsymbol{w} = m_d\boldsymbol{r}_d \times (\boldsymbol{g} - \boldsymbol{a}_d) + m_u\boldsymbol{r}_u \times (\boldsymbol{g} - \boldsymbol{a}_u) - \boldsymbol{M}_d - \\ \boldsymbol{M}_u - \boldsymbol{L} \times \boldsymbol{F}_p - C_d\boldsymbol{\omega}_L - C_u(\boldsymbol{\omega}_u - \boldsymbol{\omega}_p)\end{aligned}$$

通过式$\boldsymbol{f}_s = \boldsymbol{n} \cdot m_u(\boldsymbol{g} - \boldsymbol{a}_u) + \boldsymbol{f}_p + C_s\dot{\boldsymbol{l}}$计算出电动缸轴向驱动力，为驱动装置功率设计与选型提供理论数据；通过式 $\boldsymbol{F}_c = m_d(\boldsymbol{g} - \boldsymbol{a}_d) + m_u(\boldsymbol{g} - \boldsymbol{a}_u) + \boldsymbol{F}_p$ 与式

$$\begin{aligned}\boldsymbol{M}_c\boldsymbol{w} = m_d\boldsymbol{r}_d \times (\boldsymbol{g} - \boldsymbol{a}_d) + m_u\boldsymbol{r}_u \times (\boldsymbol{g} - \boldsymbol{a}_u) - \boldsymbol{M}_d - \\ \boldsymbol{M}_u - \boldsymbol{L} \times \boldsymbol{F}_p - C_d\boldsymbol{\omega}_L - C_u(\boldsymbol{\omega}_u - \boldsymbol{\omega}_p)\end{aligned}$$

计算出下虎克铰处的约束力与约束力矩，为各虎克铰的承载能力分析与尺寸结构设计提供参考数据，也给下平台基础设计和校核提供原始载荷。这也正是牛顿–欧拉法的优点，它可以在求出驱动力的同时求出系统中各种约束力，为机械结构设计和控制器设计奠定基础。

当动平台运动条件已知时，上端虎克铰对滚珠丝杠的约束力未能求出。为了能求解上述各约束方程，还需借助动平台的牛顿–欧拉方程。

在 O-xyz 坐标系中建立动平台牛顿–欧拉方程，由图 3-2 受力分析可知：

$$m_p\boldsymbol{a}_p = m_p\boldsymbol{g} + \boldsymbol{F}_e - \sum_{i=1}^{6}\boldsymbol{F}_{pi}$$

$$\begin{aligned}\boldsymbol{M}_p = \boldsymbol{l}_p\boldsymbol{\varepsilon}_p + \boldsymbol{\omega}_p \times \boldsymbol{l}_p\boldsymbol{\omega}_p = \boldsymbol{r}_p \times m_p\boldsymbol{g} - \boldsymbol{r}_p \times m_p\boldsymbol{a}_p + \\ \boldsymbol{M}_e - \sum_{i=1}^{6}\boldsymbol{Ra}_i \times \boldsymbol{F}_{pi} + \sum_{i=1}^{6}C_u(\boldsymbol{\omega}_{ui} - \boldsymbol{\omega}_p)\end{aligned}$$

式中　$\boldsymbol{F}_e$、$\boldsymbol{M}_e$ 分别为作用在动平台上的外力与外力矩。

至此，六自由度并联平台相关部件的牛顿–欧拉方程表达式已全部求出。

将上式相加得

$$\begin{aligned}\boldsymbol{L} \times \boldsymbol{F}_p + \boldsymbol{M}_c\boldsymbol{w} = (m_d\boldsymbol{r}_d + m_u\boldsymbol{r}_u) \times \boldsymbol{g} - m_u\boldsymbol{r}_u \times \boldsymbol{a}_u - m_d\boldsymbol{r}_d \times \boldsymbol{a}_d - \\ C_d\boldsymbol{\omega}_L - C_u(\boldsymbol{\omega}_u - \boldsymbol{\omega}_p) - \boldsymbol{M}_u - \boldsymbol{M}_d\end{aligned}$$

用 $\boldsymbol{n}$ 点乘式左右两边，并整理得

$$\boldsymbol{L} \times \boldsymbol{F}_p = \boldsymbol{K}_2 - \frac{\boldsymbol{n} \cdot \boldsymbol{K}_2}{\boldsymbol{n} \cdot \boldsymbol{w}}\boldsymbol{w}$$

再用 $\boldsymbol{n}$ 叉乘上式左右两边，并化简得

$$\boldsymbol{F}_p = (\boldsymbol{F}_p \cdot \boldsymbol{n})\boldsymbol{n} + \frac{\left(\boldsymbol{K}_2 - \dfrac{\boldsymbol{n} \cdot \boldsymbol{K}_2}{\boldsymbol{n} \cdot \boldsymbol{w}}\boldsymbol{w}\right) \times \boldsymbol{n}}{l} = (\boldsymbol{F}_p \cdot \boldsymbol{n})\boldsymbol{n} + \boldsymbol{K}_1$$

式中

$$\boldsymbol{K}_2 = (m_d\boldsymbol{r}_d + m_u\boldsymbol{r}_u) \times \boldsymbol{g} - m_u\boldsymbol{r}_u \times \boldsymbol{a}_u - m_d\boldsymbol{r}_d \times \boldsymbol{a}_d - C_d\boldsymbol{\omega}_L - C_u(\boldsymbol{\omega}_u - \boldsymbol{\omega}_p) - \boldsymbol{M}_u - \boldsymbol{M}_d$$

$$\boldsymbol{K}_1 = \frac{\left(\boldsymbol{K}_2 - \dfrac{\boldsymbol{n} \cdot \boldsymbol{K}_2}{\boldsymbol{n} \cdot \boldsymbol{w}}\boldsymbol{w}\right) \times \boldsymbol{n}}{l} = -\frac{\widetilde{\boldsymbol{n}}}{l}\left(\boldsymbol{I} - \frac{\boldsymbol{w}\boldsymbol{n}^{\mathrm{T}}}{\boldsymbol{n}^{\mathrm{T}}\boldsymbol{w}}\right)\boldsymbol{K}_2$$

将上述式子整理可得

$$(\boldsymbol{F}_p \cdot \boldsymbol{n})\boldsymbol{n} = m_p(\boldsymbol{g} - \boldsymbol{a}_p) + \boldsymbol{F}_e - \boldsymbol{K}_1$$

$$\boldsymbol{Ra}_i \times (\boldsymbol{F}_p \cdot \boldsymbol{n})\boldsymbol{n} = m_p\boldsymbol{r}_p \times (\boldsymbol{g} - \boldsymbol{a}_p) - \boldsymbol{M}_p + \boldsymbol{M}_e - \boldsymbol{Ra}_i \times \boldsymbol{K}_1 + \sum_{i=1}^{6} C_u(\boldsymbol{\omega}_{ui} - \boldsymbol{\omega}_p)$$

经一系列推导，并将上述两式写成矩阵形式，得六自由度并联平台逆动力学模型为

$$\boldsymbol{J}^{\mathrm{T}}\boldsymbol{f}_p = \boldsymbol{H}$$

式中

$$\boldsymbol{J} = \begin{bmatrix} \boldsymbol{n}_1 & \boldsymbol{n}_2 & \boldsymbol{n}_3 & \boldsymbol{n}_4 & \boldsymbol{n}_5 & \boldsymbol{n}_6 \\ \boldsymbol{Ra}_1 \times \boldsymbol{n}_1 & \boldsymbol{Ra}_2 \times \boldsymbol{n}_2 & \boldsymbol{Ra}_3 \times \boldsymbol{n}_3 & \boldsymbol{Ra}_4 \times \boldsymbol{n}_4 & \boldsymbol{Ra}_5 \times \boldsymbol{n}_5 & \boldsymbol{Ra}_6 \times \boldsymbol{n}_6 \end{bmatrix}^{\mathrm{T}}$$

$$\boldsymbol{H} = \begin{bmatrix} m_p(\boldsymbol{g} - \boldsymbol{a}_p) + \boldsymbol{F}_e - \boldsymbol{K}_1 \\ m_p\boldsymbol{r}_p \times (\boldsymbol{g} - \boldsymbol{a}_p) - \boldsymbol{M}_p + \boldsymbol{M}_e - \boldsymbol{Ra}_i \times \boldsymbol{K}_1 + \sum_{i=1}^{6} C_u(\boldsymbol{\omega}_{ui} - \boldsymbol{\omega}_p) \end{bmatrix}$$

基于矢量力学分析，由上式可计算出并联平台运动时电动缸轴线方向的驱动力 $\boldsymbol{f}_s$。

至此，得到了并联平台任务空间完整动力学模型，可进行驱动功率设计、结构优化设计和基于动力学模型的控制系统设计。

有如下多刚体运动学计算公式：

$$\boldsymbol{a} \times \boldsymbol{b} = \widetilde{\boldsymbol{a}}\boldsymbol{b}$$

式中 $\boldsymbol{a} = \begin{bmatrix} a_x \\ a_y \\ a_z \end{bmatrix}$；$\widetilde{\boldsymbol{a}} = \begin{bmatrix} 0 & -a_z & a_y \\ a_z & 0 & -a_x \\ -a_y & a_x & 0 \end{bmatrix}$。

$$(\boldsymbol{x} \cdot \boldsymbol{z})\boldsymbol{y} = (\boldsymbol{x}^{\mathrm{T}}\boldsymbol{z})\boldsymbol{y} = (\boldsymbol{y}\boldsymbol{x}^{\mathrm{T}})\boldsymbol{z}$$

利用上式，并结合并联平台逆运动学分析，将式 $\boldsymbol{J}^{\mathrm{T}}\boldsymbol{f}_p = \boldsymbol{H}$ 整理为规范二次形式。

首先综合上式整理，并用 $\dot{\boldsymbol{L}}$、$\ddot{\boldsymbol{L}}$ 来表达电动缸的角速度及角加速度，滚珠丝杠的角速度、角加速度及质心加速度为

$$\boldsymbol{\omega}_L = \boldsymbol{R}_\omega \dot{\boldsymbol{L}}$$

$$\boldsymbol{\varepsilon}_L = \boldsymbol{R}_{\varepsilon 1}\ddot{\boldsymbol{L}} + \boldsymbol{R}_{\varepsilon 2}\dot{\boldsymbol{L}}$$

$$\boldsymbol{\omega}_u = \boldsymbol{R}_\omega \dot{\boldsymbol{L}} + \boldsymbol{n}\boldsymbol{n}^{\mathrm{T}}\boldsymbol{\omega}_p$$

$$\boldsymbol{\varepsilon}_u = \boldsymbol{R}_{\varepsilon 1}\ddot{\boldsymbol{L}} + \boldsymbol{R}_{\varepsilon 2}\dot{\boldsymbol{L}} + \boldsymbol{n}\boldsymbol{n}^{\mathrm{T}}\boldsymbol{\varepsilon}_p - \boldsymbol{n}\boldsymbol{n}^{\mathrm{T}}\widetilde{\boldsymbol{\omega}}_L\boldsymbol{\omega}_p + \widetilde{\boldsymbol{\omega}}_L\boldsymbol{n}\boldsymbol{n}^{\mathrm{T}}\boldsymbol{\omega}_p$$

$$\begin{aligned}\boldsymbol{a}_u = {} & (\boldsymbol{n}\boldsymbol{n}^{\mathrm{T}} - \tilde{\boldsymbol{r}}_u\boldsymbol{R}_{\varepsilon 1})\ddot{\boldsymbol{L}} + (2\widetilde{\boldsymbol{\omega}}_u\boldsymbol{n}\boldsymbol{n}^{\mathrm{T}} - \boldsymbol{n}\boldsymbol{n}^{\mathrm{T}}\widetilde{\boldsymbol{\omega}}_L - \tilde{\boldsymbol{r}}_u\boldsymbol{R}_{\varepsilon 2} - \widetilde{\boldsymbol{\omega}}_u\tilde{\boldsymbol{r}}_u\boldsymbol{R}_\omega)\dot{\boldsymbol{L}} - \\ & \tilde{\boldsymbol{r}}_u\boldsymbol{n}\boldsymbol{n}^{\mathrm{T}}\boldsymbol{\varepsilon}_p + (\tilde{\boldsymbol{r}}_u\boldsymbol{n}\boldsymbol{n}^{\mathrm{T}}\widetilde{\boldsymbol{\omega}}_L - \tilde{\boldsymbol{r}}_u\widetilde{\boldsymbol{\omega}}_L\boldsymbol{n}\boldsymbol{n}^{\mathrm{T}} - \widetilde{\boldsymbol{\omega}}_u\tilde{\boldsymbol{r}}_u\boldsymbol{n}\boldsymbol{n}^{\mathrm{T}})\boldsymbol{\omega}_p\end{aligned}$$

$$\boldsymbol{a}_d = -\tilde{\boldsymbol{r}}_d\boldsymbol{R}_{\varepsilon 1}\ddot{\boldsymbol{L}} - (\tilde{\boldsymbol{r}}_d\boldsymbol{R}_{\varepsilon 2} + \widetilde{\boldsymbol{\omega}}_L\tilde{\boldsymbol{r}}_d\boldsymbol{R}_\omega)\dot{\boldsymbol{L}}$$

式中

$$\boldsymbol{R}_\omega = \frac{\widetilde{\boldsymbol{w}}(\boldsymbol{I} - \boldsymbol{n}\boldsymbol{n}^{\mathrm{T}})}{\boldsymbol{w}^{\mathrm{T}}\boldsymbol{L}}$$

$$\boldsymbol{R}_{\varepsilon 1} = \frac{\widetilde{\boldsymbol{w}}(\boldsymbol{I} - \boldsymbol{n}\boldsymbol{n}^{\mathrm{T}})}{\boldsymbol{w}^{\mathrm{T}}\boldsymbol{L}}$$

$$\boldsymbol{R}_{\varepsilon 2} = \frac{\boldsymbol{L}\boldsymbol{w}^{\mathrm{T}}\widetilde{\boldsymbol{\omega}}_L\boldsymbol{v}\boldsymbol{v}^{\mathrm{T}}\boldsymbol{R}_\omega + \widetilde{\boldsymbol{w}}\boldsymbol{n}\boldsymbol{n}^{\mathrm{T}}\widetilde{\boldsymbol{\omega}}_L - \widetilde{\boldsymbol{w}}\,\widetilde{\boldsymbol{\omega}}_L - \widetilde{\boldsymbol{w}}\,\widetilde{\boldsymbol{\omega}}_L\boldsymbol{n}\boldsymbol{n}^{\mathrm{T}}}{\boldsymbol{w}^{\mathrm{T}}\boldsymbol{L}}$$

将上式整理得

$$\begin{aligned}\boldsymbol{K}_2 = {} & \tilde{\boldsymbol{r}}_d m_d\boldsymbol{g} + \tilde{\boldsymbol{r}}_u m_u\boldsymbol{g} - \tilde{\boldsymbol{r}}_d m_d\boldsymbol{a}_d - \tilde{\boldsymbol{r}}_u m_u\boldsymbol{a}_u - C_d\boldsymbol{\omega}_L - C_u\boldsymbol{\omega}_u + \\ & C_u\boldsymbol{\omega}_p - \boldsymbol{I}_u\boldsymbol{\varepsilon}_u + \widetilde{\boldsymbol{\omega}}_{uu}\boldsymbol{\omega}_u - \boldsymbol{J}_d\boldsymbol{\varepsilon}_L + \widetilde{\boldsymbol{\omega}}_{Ld}\boldsymbol{\omega}_L\end{aligned}$$

进一步规范整理得

$$\begin{aligned}\boldsymbol{K}_2 = {} & [-m_u\tilde{\boldsymbol{r}}_u(\boldsymbol{n}\boldsymbol{n}^{\mathrm{T}} - \tilde{\boldsymbol{r}}_u\boldsymbol{R}_{\varepsilon 1}) + m_d\tilde{\boldsymbol{r}}_d\tilde{\boldsymbol{r}}_d\boldsymbol{R}_{\varepsilon 1} - (\boldsymbol{J}_u + \boldsymbol{J}_d)\boldsymbol{R}_{\varepsilon 1}]\ddot{\boldsymbol{L}} + \\ & [-m_u\tilde{\boldsymbol{r}}_u(2\widetilde{\boldsymbol{\omega}}_u\boldsymbol{n}\boldsymbol{n}^{\mathrm{T}} - \boldsymbol{n}\boldsymbol{n}^{\mathrm{T}}\widetilde{\boldsymbol{\omega}}_L - \tilde{\boldsymbol{r}}_u\boldsymbol{R}_{\varepsilon 2} - \widetilde{\boldsymbol{\omega}}_u\tilde{\boldsymbol{r}}_u\boldsymbol{R}_\omega) + m_d\tilde{\boldsymbol{r}}_d(\tilde{\boldsymbol{r}}_d\boldsymbol{R}_{\varepsilon 2} + \widetilde{\boldsymbol{\omega}}_L\tilde{\boldsymbol{r}}_d\boldsymbol{R}_\omega)]\dot{\boldsymbol{L}} - \\ & [(C_d + C_u)\boldsymbol{R}_\omega + (\boldsymbol{J}_u + \boldsymbol{J}_d)\boldsymbol{R}_{\varepsilon 2} + (\widetilde{\boldsymbol{\omega}}_{uu} + \widetilde{\boldsymbol{\omega}}_{Ld})\boldsymbol{R}_\omega]\dot{\boldsymbol{L}} + [m_u\tilde{\boldsymbol{r}}_u\tilde{\boldsymbol{r}}_u\boldsymbol{n}\boldsymbol{n}^{\mathrm{T}} - \boldsymbol{J}_u\boldsymbol{n}\boldsymbol{n}^{\mathrm{T}}]\boldsymbol{\varepsilon}_p - \\ & [m_u\tilde{\boldsymbol{r}}_u(\tilde{\boldsymbol{r}}_u\boldsymbol{n}\boldsymbol{n}^{\mathrm{T}}\widetilde{\boldsymbol{\omega}}_L - \tilde{\boldsymbol{r}}_u\widetilde{\boldsymbol{\omega}}_L\boldsymbol{n}\boldsymbol{n}^{\mathrm{T}} - \widetilde{\boldsymbol{\omega}}_u\tilde{\boldsymbol{r}}_u\boldsymbol{n}\boldsymbol{n}^{\mathrm{T}}) + C_u(\boldsymbol{n}\boldsymbol{n}^{\mathrm{T}} - 1) + \boldsymbol{J}_u(\widetilde{\boldsymbol{\omega}}_L\boldsymbol{n}\boldsymbol{n}^{\mathrm{T}} - \boldsymbol{n}\boldsymbol{n}^{\mathrm{T}}\widetilde{\boldsymbol{\omega}}_L)]\boldsymbol{\omega}_p - \\ & \widetilde{\boldsymbol{\omega}}_{uu}\boldsymbol{n}\boldsymbol{n}^{\mathrm{T}}\boldsymbol{\omega}_p + m_d\tilde{\boldsymbol{r}}_d\boldsymbol{g} + m_u\tilde{\boldsymbol{r}}_u\boldsymbol{g}\end{aligned}$$

式中　$\boldsymbol{\omega}_{Ld}=\boldsymbol{J}_d\cdot\boldsymbol{\omega}_L$；$\boldsymbol{\omega}_{uu}=\boldsymbol{J}_u\cdot\boldsymbol{\omega}_u$。

将上式写成关于 $\dot{\boldsymbol{q}}$、$\ddot{\boldsymbol{q}}$ 矩阵表达式的形式为

$$\dot{\boldsymbol{L}}=[\boldsymbol{I}_3\quad -\widetilde{\boldsymbol{A}}_i]\dot{\boldsymbol{q}}$$

$$\ddot{\boldsymbol{L}}=[\boldsymbol{I}_3\quad -\widetilde{\boldsymbol{A}}_i]\ddot{\boldsymbol{q}}+[0\quad -\widetilde{\boldsymbol{\omega}}_p\widetilde{\boldsymbol{A}}_i]\dot{\boldsymbol{q}}$$

式中　$\boldsymbol{A}_i=\boldsymbol{R}\boldsymbol{a}_i$；$\dot{\boldsymbol{q}}=[\dot{\boldsymbol{t}}^{\mathrm{T}}\quad \boldsymbol{\omega}_p^{\mathrm{T}}]^{\mathrm{T}}$；$\ddot{\boldsymbol{q}}=[\ddot{\boldsymbol{t}}^{\mathrm{T}}\quad \boldsymbol{\varepsilon}_p^{\mathrm{T}}]^{\mathrm{T}}$。

将上式整理并化简成关于 $\dot{\boldsymbol{q}}$、$\ddot{\boldsymbol{q}}$ 的矩阵形式为

$$\boldsymbol{K}_2=\boldsymbol{K}_{q1}\ddot{\boldsymbol{q}}+\boldsymbol{K}_{q2}\dot{\boldsymbol{q}}+\boldsymbol{K}_{q3}$$

$$\boldsymbol{K}_{q1}=\begin{bmatrix} -m_u\tilde{\boldsymbol{r}}_u(\boldsymbol{n}\boldsymbol{n}^{\mathrm{T}}-\tilde{\boldsymbol{r}}_u\boldsymbol{R}_{\varepsilon1})+m_d\tilde{\boldsymbol{r}}_d\boldsymbol{r}_d\boldsymbol{R}_{\varepsilon1}-(\boldsymbol{J}_u+\boldsymbol{J}_d)\boldsymbol{R}_{\varepsilon1} \\ [m_u\tilde{\boldsymbol{r}}_u(\boldsymbol{n}\boldsymbol{n}^{\mathrm{T}}-\tilde{\boldsymbol{r}}_u\boldsymbol{R}_{\varepsilon1})-m_d\tilde{\boldsymbol{r}}_d\tilde{\boldsymbol{r}}_d\boldsymbol{R}_{\varepsilon1}+(\boldsymbol{J}_u+\boldsymbol{J}_d)\boldsymbol{R}_{\varepsilon1}]\widetilde{\boldsymbol{A}}_i+m_u\tilde{\boldsymbol{r}}_u\tilde{\boldsymbol{r}}_u\boldsymbol{n}\boldsymbol{n}^{\mathrm{T}}-\boldsymbol{J}_u\boldsymbol{n}\boldsymbol{n}^{\mathrm{T}} \end{bmatrix}^{\mathrm{T}}$$

$$\boldsymbol{K}_{q2}=\begin{bmatrix} -m_u\tilde{\boldsymbol{r}}_u(2\widetilde{\boldsymbol{\omega}}_u\boldsymbol{n}\boldsymbol{n}^{\mathrm{T}}-\boldsymbol{n}\boldsymbol{n}^{\mathrm{T}}\widetilde{\boldsymbol{\omega}}_L-\tilde{\boldsymbol{r}}_u\boldsymbol{R}_{\varepsilon2}-\widetilde{\boldsymbol{\omega}}_u\tilde{\boldsymbol{r}}_u\boldsymbol{R}_{\omega})+m_d\tilde{\boldsymbol{r}}_d(\tilde{\boldsymbol{r}}_d\boldsymbol{R}_{\varepsilon2}+\widetilde{\boldsymbol{\omega}}_L\tilde{\boldsymbol{r}}_d\boldsymbol{R}_{\omega})-[(C_d+C_u)\boldsymbol{R}_{\omega}+ \\ (\boldsymbol{J}_u+\boldsymbol{J}_d)\boldsymbol{R}_{\varepsilon2}+(\widetilde{\boldsymbol{\omega}}_{uu}+\widetilde{\boldsymbol{\omega}}_{Ld})\boldsymbol{R}_{\omega}] \\ [m_u\tilde{\boldsymbol{r}}_u(\boldsymbol{n}\boldsymbol{n}^{\mathrm{T}}-\tilde{\boldsymbol{r}}_u\widetilde{\boldsymbol{R}}_{\varepsilon1})-m_d\tilde{\boldsymbol{r}}_d\tilde{\boldsymbol{r}}_d\boldsymbol{R}_{\varepsilon1}+(\boldsymbol{J}_u+\boldsymbol{J}_d)\boldsymbol{R}_{\varepsilon1}]\widetilde{\boldsymbol{\omega}}_p\widetilde{\boldsymbol{A}}_i+ \\ [m_u\tilde{\boldsymbol{r}}_u(2\widetilde{\boldsymbol{\omega}}_u\boldsymbol{n}\boldsymbol{n}^{\mathrm{T}}-\boldsymbol{n}\boldsymbol{n}^{\mathrm{T}}\boldsymbol{\omega}_L-\tilde{\boldsymbol{r}}_u\boldsymbol{R}_{\varepsilon2}-\widetilde{\boldsymbol{\omega}}_u\tilde{\boldsymbol{r}}_u\boldsymbol{R}_{\omega})-m_d\tilde{\boldsymbol{r}}_d(\tilde{\boldsymbol{r}}_d\boldsymbol{R}_{\varepsilon2}+\widetilde{\boldsymbol{\omega}}_L\tilde{\boldsymbol{r}}_d\boldsymbol{R}_{\omega})]\widetilde{\boldsymbol{A}}_i+ \\ [(C_d+C_u)\boldsymbol{R}_{\omega}+(\boldsymbol{J}_u+\boldsymbol{J}_d)\boldsymbol{R}_{\varepsilon2}+(\widetilde{\boldsymbol{\omega}}_{uu}+\widetilde{\boldsymbol{\omega}}_{Ld})\boldsymbol{R}_{\omega}]\widetilde{\boldsymbol{A}}_i-[m_u\tilde{\boldsymbol{r}}_u(\tilde{\boldsymbol{r}}_u\boldsymbol{n}\boldsymbol{n}^{\mathrm{T}}\widetilde{\boldsymbol{\omega}}_L-\tilde{\boldsymbol{r}}_u\widetilde{\boldsymbol{\omega}}_L\boldsymbol{n}\boldsymbol{n}^{\mathrm{T}}- \\ \widetilde{\boldsymbol{\omega}}_u\tilde{\boldsymbol{r}}_u\boldsymbol{n}\boldsymbol{n}^{\mathrm{T}})+C_u(\boldsymbol{n}\boldsymbol{n}^{\mathrm{T}}-1)+\boldsymbol{J}_u(\widetilde{\boldsymbol{\omega}}_L\boldsymbol{n}\boldsymbol{n}^{\mathrm{T}}-\boldsymbol{n}\boldsymbol{n}^{\mathrm{T}}\widetilde{\boldsymbol{\omega}}_L)]-\widetilde{\boldsymbol{\omega}}_{uu}\boldsymbol{n}\boldsymbol{n}^{\mathrm{T}} \end{bmatrix}^{\mathrm{T}}$$

$$\boldsymbol{K}_{q3}=m_d\tilde{\boldsymbol{r}}_d\cdot\boldsymbol{g}+m_u\tilde{\boldsymbol{r}}_u\boldsymbol{g}$$

将上式整理并化简成关于 $\dot{\boldsymbol{q}}$、$\ddot{\boldsymbol{q}}$ 的矩阵形式为

$$\boldsymbol{a}_u=\boldsymbol{U}_{q1}\ddot{\boldsymbol{q}}+\boldsymbol{U}_{q2}\dot{\boldsymbol{q}}$$

式中

$$\boldsymbol{U}_{q1}=[\boldsymbol{n}\boldsymbol{n}^{\mathrm{T}}-\tilde{\boldsymbol{r}}_u\boldsymbol{R}_{\varepsilon1}-\boldsymbol{r}_u\boldsymbol{n}\boldsymbol{n}^{\mathrm{T}}-(\boldsymbol{n}\boldsymbol{n}^{\mathrm{T}}-\tilde{\boldsymbol{r}}_u\boldsymbol{R}_{\varepsilon1})\widetilde{\boldsymbol{A}}_i]$$

$$\boldsymbol{U}_{q2}=\begin{bmatrix} 2\widetilde{\boldsymbol{\omega}}_u\boldsymbol{n}\boldsymbol{n}^{\mathrm{T}}-\boldsymbol{n}\boldsymbol{n}^{\mathrm{T}}\widetilde{\boldsymbol{\omega}}_L-\tilde{\boldsymbol{r}}_u\boldsymbol{R}_{\varepsilon2}-\widetilde{\boldsymbol{\omega}}_u\tilde{\boldsymbol{r}}_u\boldsymbol{R}_{\omega} \\ \tilde{\boldsymbol{r}}_u\boldsymbol{n}\boldsymbol{n}^{\mathrm{T}}\widetilde{\boldsymbol{\omega}}_L-\tilde{\boldsymbol{r}}_u\widetilde{\boldsymbol{\omega}}_L\boldsymbol{n}\boldsymbol{n}^{\mathrm{T}}-\widetilde{\boldsymbol{\omega}}_u\tilde{\boldsymbol{r}}_u\boldsymbol{n}\boldsymbol{n}^{\mathrm{T}}-(\boldsymbol{n}\boldsymbol{n}^{\mathrm{T}}-\boldsymbol{r}_u\boldsymbol{R}_{\varepsilon1})\widetilde{\boldsymbol{\omega}}_p\widetilde{\boldsymbol{A}}_i- \\ (2\widetilde{\boldsymbol{\omega}}_u\boldsymbol{n}\boldsymbol{n}^{\mathrm{T}}-\boldsymbol{n}\boldsymbol{n}^{\mathrm{T}}\widetilde{\boldsymbol{\omega}}_L-\tilde{\boldsymbol{r}}_u\boldsymbol{R}_{\varepsilon2}-\widetilde{\boldsymbol{\omega}}_u\tilde{\boldsymbol{r}}_u\boldsymbol{R}_{\omega})\widetilde{\boldsymbol{A}}_i \end{bmatrix}^{\mathrm{T}}$$

将上式中的左右两边各项乘以矩阵 $\boldsymbol{J}^{\mathrm{T}}$ 得

$$\boldsymbol{J}^{\mathrm{T}}[\boldsymbol{F}_g\cdot\boldsymbol{n}]=\boldsymbol{H}+\boldsymbol{J}^{\mathrm{T}}[C_g\dot{\boldsymbol{l}}+\boldsymbol{n}\cdot m_u\boldsymbol{g}-\boldsymbol{n}\cdot m_u\boldsymbol{a}_u]$$

将上述式子综合整理，并根据矩阵、矢量、并矢运算规则，整理成动力

学模型的紧凑形式，即可求出电动缸的驱动力$\boldsymbol{f}_s$。

$$\boldsymbol{J}^{\mathrm{T}}\boldsymbol{f}_s = M_p(\boldsymbol{q})\ddot{\boldsymbol{q}} + C_p(\boldsymbol{q},\dot{\boldsymbol{q}})\dot{\boldsymbol{q}} + G_p(\boldsymbol{q})$$

式中

$$M_p(\boldsymbol{q}) = \begin{bmatrix} -\sum_{i=1}^{6}\boldsymbol{n}_i\boldsymbol{n}_i^{\mathrm{T}}m_u\boldsymbol{U}_{q1i} + \sum_{i=1}^{6}\frac{\widetilde{\boldsymbol{n}}_i}{l_i}\left(\boldsymbol{I}_3 - \frac{\boldsymbol{w}_i\boldsymbol{n}_i^{\mathrm{T}}}{\boldsymbol{n}_i^{\mathrm{T}}\boldsymbol{w}_i}\right)\boldsymbol{K}_{q1i} + (-m_p\boldsymbol{I}_3 \quad 0) \\ -\sum_{i=1}^{6}\widetilde{\boldsymbol{A}}_i\boldsymbol{n}_i\boldsymbol{n}_i^{\mathrm{T}}m_u\boldsymbol{U}_{q1i} + \sum_{i=1}^{6}\widetilde{\boldsymbol{A}}_i\frac{\widetilde{\boldsymbol{n}}_i}{l_i}\left(\boldsymbol{I}_3 - \frac{\boldsymbol{w}_i\boldsymbol{n}_i^{\mathrm{T}}}{\boldsymbol{n}_i^{\mathrm{T}}\boldsymbol{w}_i}\right)\boldsymbol{K}_{q1i} + (\widetilde{\boldsymbol{r}}_p m_p \quad -\boldsymbol{I}_p) \end{bmatrix}$$

$$C_p(\boldsymbol{q},\dot{\boldsymbol{q}}) = \begin{bmatrix} -\sum_{i=1}^{6}\boldsymbol{n}_i\boldsymbol{n}_i^{\mathrm{T}}m_u\boldsymbol{U}_{q2i} + \sum_{i=1}^{6}\frac{\widetilde{\boldsymbol{n}}_i}{l_i}\left(\boldsymbol{I}_3 - \frac{\boldsymbol{w}_i\boldsymbol{n}_i^{\mathrm{T}}}{\boldsymbol{n}_i^{\mathrm{T}}\boldsymbol{w}_i}\right)\boldsymbol{K}_{q2i} + \sum_{i=1}^{6}C_s\boldsymbol{n}_i\boldsymbol{n}_i^{\mathrm{T}}(\boldsymbol{I}_3 \quad -\widetilde{\boldsymbol{A}}_i) \\ -\sum_{i=1}^{6}\widetilde{\boldsymbol{A}}_i\boldsymbol{n}_i\boldsymbol{n}_i^{\mathrm{T}}m_u\boldsymbol{U}_{q2i} + \sum_{i=1}^{6}\widetilde{\boldsymbol{A}}_i\frac{\widetilde{\boldsymbol{n}}_i}{l_i}\left(\boldsymbol{I}_3 - \frac{\boldsymbol{w}_i\boldsymbol{n}_i^{\mathrm{T}}}{\boldsymbol{n}_i^{\mathrm{T}}\boldsymbol{w}_i}\right)\boldsymbol{K}_{q2i} + \\ \sum_{i=1}^{6}(C_u\boldsymbol{R}_w + C_s\widetilde{\boldsymbol{A}}_i\boldsymbol{n}_i\boldsymbol{n}_i^{\mathrm{T}})(\boldsymbol{I}_3 \quad -\widetilde{\boldsymbol{A}}_i) + (0 \quad -\widetilde{\boldsymbol{\omega}}_p\boldsymbol{I}_p) \end{bmatrix}$$

$$G_p(\boldsymbol{q}) = \begin{bmatrix} \sum_{i=1}^{6}\boldsymbol{n}_i\boldsymbol{n}_i^{\mathrm{T}}m_u\boldsymbol{g} + \sum_{i=1}^{6}\frac{\widetilde{\boldsymbol{n}}_i}{l_i}\left(\boldsymbol{I}_3 - \frac{\boldsymbol{w}_i\boldsymbol{n}_i^{\mathrm{T}}}{\boldsymbol{n}_i^{\mathrm{T}}\boldsymbol{w}_i}\right)\boldsymbol{K}_{q3i} + m_p\boldsymbol{g} + \boldsymbol{F}_e \\ \sum_{i=1}^{6}\widetilde{\boldsymbol{A}}_i\boldsymbol{n}_i\boldsymbol{n}_i^{\mathrm{T}}m_u\boldsymbol{g} + \sum_{i=1}^{6}\widetilde{\boldsymbol{A}}_i\frac{\widetilde{\boldsymbol{n}}_i}{l_i}\left(\boldsymbol{I}_3 - \frac{\boldsymbol{w}_i\boldsymbol{n}_i^{\mathrm{T}}}{\boldsymbol{n}_i^{\mathrm{T}}\boldsymbol{w}_i}\right)\boldsymbol{K}_{q3i} + \widetilde{\boldsymbol{r}}_p m_p\boldsymbol{g} + \boldsymbol{M}_e \end{bmatrix}$$

式中　$M_p(\boldsymbol{q})$ 为并联平台惯量矩阵；$C_p(\boldsymbol{q},\dot{\boldsymbol{q}})$ 为并联平台向心力和科氏力矩的系数矩阵；$G_p(\boldsymbol{q})$ 为并联平台重力、重力矩向量；$\boldsymbol{J}$ 为并联平台雅可比矩阵；$\boldsymbol{f}_s$ 为电动缸与滚珠丝杠间的轴向驱动力矢量。

上述式子所表达的就是并联平台任务空间的动力学模型，但由于平台控制方法研究还可以在铰点坐标空间上进行，因此有必要进一步建立基于铰点空间并联平台完整动力学模型。

由上式两边求导并整理，可得

$$\ddot{\boldsymbol{q}} = J^{-1}(\boldsymbol{q})\ddot{\boldsymbol{l}} - J^{-1}(\boldsymbol{q})\dot{J}(\boldsymbol{q})J^{-1}(\boldsymbol{q})\dot{\boldsymbol{l}}$$

将上述式子整理，可得

$$\boldsymbol{f}_s = M_l(\boldsymbol{q})\ddot{\boldsymbol{l}} + C_l(\boldsymbol{q},\dot{\boldsymbol{q}})\dot{\boldsymbol{l}} + G_l(\boldsymbol{q})$$

式中

$$M_l(\boldsymbol{q}) = J^{-\mathrm{T}}(\boldsymbol{q})M_p(\boldsymbol{q})J^{-1}(\boldsymbol{q})$$

$$C_l(\boldsymbol{q},\ \dot{\boldsymbol{q}}) = J^{-\mathrm{T}}(\boldsymbol{q})C_p(\boldsymbol{q},\ \dot{\boldsymbol{q}})J^{-1}(\boldsymbol{q}) - J^{-\mathrm{T}}(\boldsymbol{q})M_p(\boldsymbol{q})J^{-1}(\boldsymbol{q})\dot{J}(\boldsymbol{q})J^{-1}(\boldsymbol{q})$$

$$G_l(\boldsymbol{q}) = J^{-\mathrm{T}}(\boldsymbol{q})G_p(\boldsymbol{q})$$

这里并联平台惯量矩阵 $M_p(\boldsymbol{q})$ 是对称正定的，且 $M_p(\boldsymbol{q})$ 与 $M_p^{-1}(\boldsymbol{q})$ 均为 $\boldsymbol{q}$ 的一致有界函数矩阵，则由上式可知 $M_l(\boldsymbol{q})$ 不是对称阵，所以各电动缸驱动装置的质量、负载存在耦合。为了减弱这种耦合对控制的影响，就需要各种补偿技术，这给控制器的设计带来了一定的难度。

3.3.2 并联平台动力学简化模型

在工程实际中，当动平台和负载质量较大（8t 以上），运动速度又较低时，滚珠丝杠的自转、各铰接副间的摩擦、电动缸的质量及转动惯量等，将不同程度地对动力学模型产生影响，但为了追求控制的实时性、解算的快速性，可忽略影响较小的因素，对动力学完整模型进行适当的简化，这也非常符合工程实际。

1. 忽略滚珠丝杠自转的影响

当忽略滚珠丝杠绕自身轴线转动影响时，可把滚珠丝杠与电动缸看成一个整体来考虑，这时滚珠丝杠的速度和加速度与电动缸完全一致，其逆动力学模型在完整动力学模型的基础上进行简化，其推导过程与完整动力学模型相同，这里只给出结果：

$$\boldsymbol{J}^{\mathrm{T}}\boldsymbol{f}_s = M_p^1(\boldsymbol{q})\ddot{\boldsymbol{q}} + C_p^1(\boldsymbol{q},\ \dot{\boldsymbol{q}})\dot{\boldsymbol{q}} + G_p^1(\boldsymbol{q})$$

各变量的含义与完整动力学模型定义相同。

2. 忽略各铰接副间摩擦的影响

在忽略滚珠丝杠自转影响的情况下，对并联平台再进一步简化，忽略各铰接副间的摩擦影响，即 $C_u = C_d = C_s = 0$，这时其动力学模型如下：

$$\boldsymbol{J}^{\mathrm{T}}\boldsymbol{f}_s = M_p^2(\boldsymbol{q})\ddot{\boldsymbol{q}} + C_p^2(\boldsymbol{q},\ \dot{\boldsymbol{q}})\dot{\boldsymbol{q}} + G_p^2(\boldsymbol{q})$$

3. 忽略电动缸质量与转动惯量的影响

在忽略上述两种因素的基础上，对并联平台动力学模型继续简化，忽略电动缸质量与转动惯量的影响，把电动缸系统看成无质量的二力杆，这也是对并联平台动力学模型最大程度的简化。由上述式子整理即可求出电动缸的驱动力，这时完整的动力学模型将退化成

$$\sum_{i=1}^{6}\boldsymbol{n}_i \cdot \boldsymbol{f}_{si} = m_p\boldsymbol{g} + \boldsymbol{F}_e - m_p\boldsymbol{a}_p$$

$$\sum_{i=1}^{6}\boldsymbol{Ra}_i \times \boldsymbol{n}_i \cdot \boldsymbol{f}_{si} = \boldsymbol{r}_p \times m_p\boldsymbol{g} - \boldsymbol{r}_p \times m_p\boldsymbol{a}_p\boldsymbol{M}_e - \boldsymbol{I}_p\boldsymbol{\varepsilon}_p - \boldsymbol{\omega}_p \times (\boldsymbol{I}_p \cdot \boldsymbol{\omega}_p)$$

将上述式子整合，并写成矩阵的规范形式：

$$\boldsymbol{J}^{\mathrm{T}}\boldsymbol{f}_s = M_p^3(\boldsymbol{q})\ddot{\boldsymbol{q}} + C_p^3(\boldsymbol{q}, \dot{\boldsymbol{q}})\dot{\boldsymbol{q}} + G_p^3(\boldsymbol{q})$$

式中

$$M_p^3(\boldsymbol{q}) = \begin{bmatrix} -m_p\boldsymbol{I}_3 & 0 \\ -m_p\widetilde{\boldsymbol{r}}_p & -\boldsymbol{I}_p \end{bmatrix};\ C_p^3(\boldsymbol{q}, \dot{\boldsymbol{q}}) = \begin{bmatrix} 0 & 0 \\ 0 & \widetilde{\boldsymbol{\omega}}_p\boldsymbol{I}_p \end{bmatrix};\ G_p^3(\boldsymbol{q}) = \begin{bmatrix} m_p\boldsymbol{g} + \boldsymbol{F}_e \\ m_p\widetilde{\boldsymbol{r}}_p\boldsymbol{g} + \boldsymbol{M}_e \end{bmatrix}$$

3.3.3 动力学模型仿真对比

依据前述内容所建动力学模型，仅考虑并联平台纵向运动，分别按照上述四种情况进行动力学仿真分析。为了分析方便，完整动力学模型称为模型Ⅰ、忽略滚珠丝杠自转的动力学模型称为模型Ⅱ、忽略各铰接副间摩擦的动力学模型称为模型Ⅲ、忽略电动缸质量及转动惯量的动力学模型称为模型Ⅳ。四种动力学模型驱动力输出曲线如图3-3所示，四种动力学模型各电动缸驱动力输出对比曲线如图3-4所示。

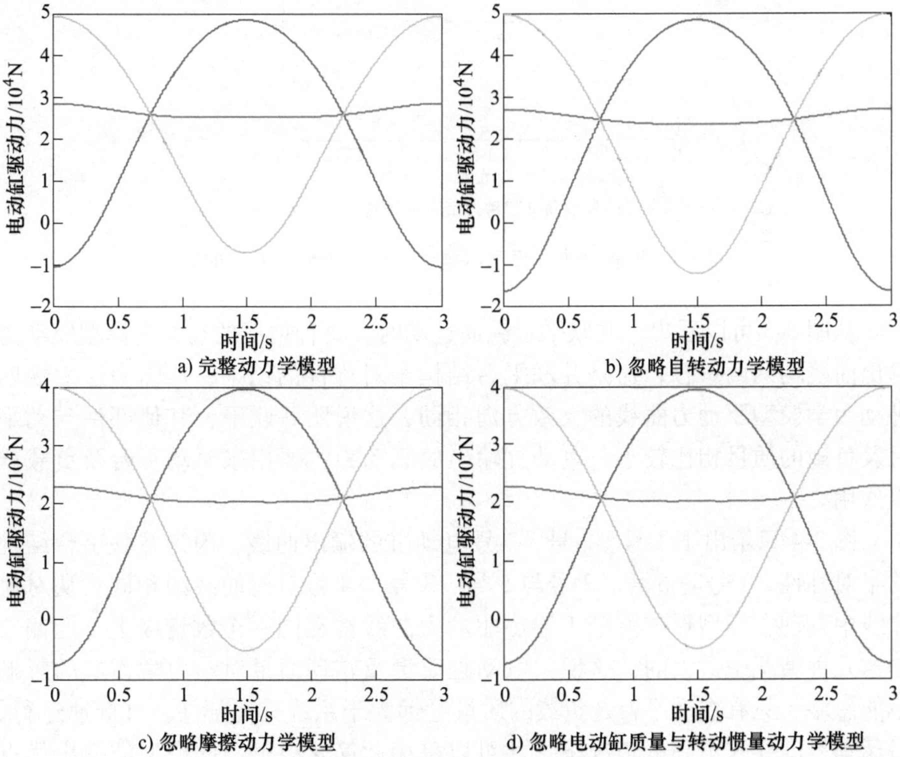

图3-3 四种动力学模型驱动力输出曲线

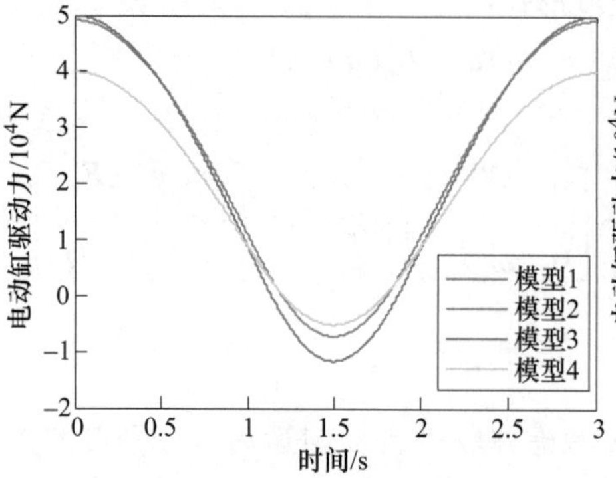

a) 1号电动缸四种模型对比仿真分析

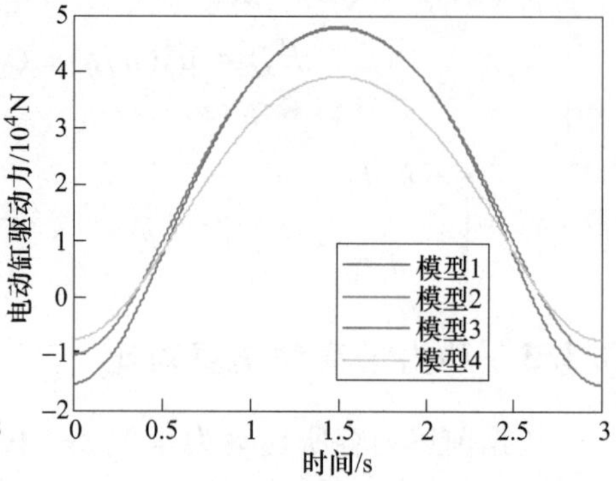

b) 2号电动缸四种模型对比仿真分析

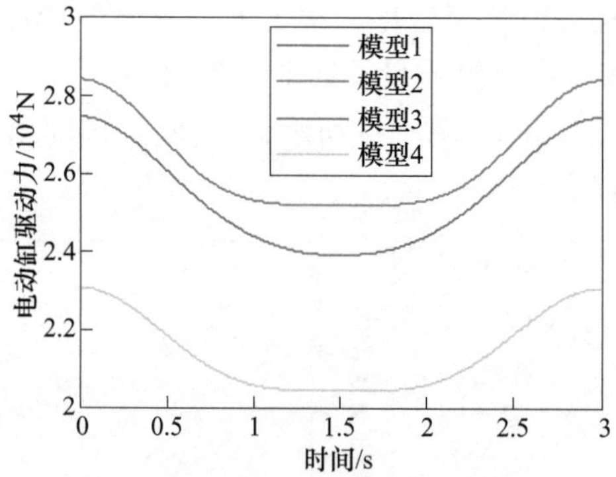

c) 3号电动缸四种模型对比仿真分析

图 3-4　四种动力学模型各电动缸驱动力输出对比曲线

从图 3-3 可以看出，并联平台纵向运动时，每种情况的动力学模型驱动力输出曲线均两两重合，这是并联平台结构半对称性的结果；从图中还发现四种动力学模型驱动力曲线的大致方向相同，这说明并联平台其他部件与动平台及负载的质量相比较小，电动缸输出的驱动力主要用来对动平台及负载产生作用。

图 3-4 只给出了 1 号、2 号、3 号电动缸的输出曲线，因为并联平台结构的半对称性，1 号与 6 号、2 号与 5 号、3 号与 4 号对比曲线图相同；从对比曲线中发现，模型Ⅳ与模型Ⅰ输出驱动力曲线都在同一个数量级上，但偏差是这几种情况中最大的，这说明电动缸质量及转动惯量对动力学模型的影响不能忽略，只有在动平台及负载的质量远远大于系统其他部件，且低速运行、对运动精度要求不高的情况下，才可以采用此简化模型，此模型的突出优点是计算简单、实时性好；模型Ⅲ与模型Ⅰ相比也有一定偏差，这是由于并联

平台质量较大使得铰接副间正压力较大造成的；模型Ⅱ与模型Ⅰ相比误差较小，要比其他几种情况好得多，因此在运动速度不高的情况下，可以忽略。基于上述对比分析，对动力学模型几种情况的影响有了一定程度的了解，为模型选择提供依据，本书所研究的飞行模拟器动感运动平台就是选用影响最小的忽略滚珠丝杠自转的模型Ⅱ，作为下一步优化设计与基于模型控制策略研究的基础模型。

3.4 六自由度并联平台驱动系统与模型建立

3.4.1 驱动方式

并联机构驱动方式通常有液压、电动及气动三种基本方式，每种方式都有各自的特点，主要以系统需要的驱动力、运动精度、响应速度及制造成本等各种性能指标为依据进行选择。

气压驱动方式比较简单，是以压缩空气为工作介质来传递动力和控制信号的一种方式，主要优点是动作迅速、维护简单、工作环境适应性好、运行成本低廉、不污染环境，容易实现柔顺控制，与电气系统、液压系统相比，气动系统的驱动速度更快。但由于空气黏度小、压缩性大、阀口非线性及气缸摩擦力等因素的影响，气动系统运行速度不够稳定，很难获得较大的输出力和较高的精度，并且伴有较大的噪声，是典型的非线性系统。气压驱动方式通常用在低负载、高速、低精度、运动柔软型的驱动机构中，如美国 Utah/MIT 灵巧手所采用的就是气压驱动、气动人工肌肉并联平台、气动六自由度并联平台等。

液压驱动方式是以液压油为动力源，完成预定运动要求和实现各种机构功能的一种方式。其优点是响应速度快、承载能力强、工作平稳，并具有很高的力矩体积比，因此特别适用于大负载运动机构。过去几乎所有的大负载运动模拟器系统都采用液压驱动方式。随着静压支撑液压缸和非对称伺服阀等技术的逐渐成熟，以及对自主知识产权重视程度的提高，国产六自由度液压运动平台近 10 年得到广泛的应用。但是，液压驱动方式需要有额外的液压泵站等辅助设备作为驱动源，从而存在外辅设备较多、转换效率低、功耗大、维护成本高、占用空间大和高噪声等技术上难以克服的缺陷，又由于工作介质是液压油，不可避免地存在油液泄漏现象，特别是其微型阀对污染物又十分敏感，都给正常使用和维护带来了很大的难度。

电驱动方式是伺服电机驱动滚珠丝杠螺旋副等机构的一种运动方式。其主要优点是运动速度高、响应速度快、效率高、占用空间小、易于维护保养、无环境污染、低噪声、低成本等，特别是在运动精度方面，更是液压与气压驱动方式无法相比的。但过去由于电机的某些关键技术被国外垄断，如电机控制 DSP 的软件与硬件技术、大功率驱动器技术、交流伺服电机等，极大地限制了电驱动方式的应用，特别是大负载运动机构。随着电子技术、软件技术的发展，电机、电动缸控制等电驱动技术不断得到完善，基于其优点，电驱动已开始应用于大负载运动平台，并有逐步替代液压驱动方式的趋势。近几年国外已出现用于大负载飞行模拟器的电驱动六自由度运动平台，目前国内研发的电驱动六自由度运动平台除用于武器研发系统外，也开始用于大负载飞行模拟器。

综上所述，从系统组成及工作原理、静动态刚度、加速性、线性度、圆滑性、可维护性、噪声水平等技术指标来看，电驱动的综合性能要好于液压驱动和气压驱动，因此本书研发的六自由度并联平台选用电驱动方式。

3.4.2 伺服驱动系统

电驱动伺服系统，按驱动装置的执行元件电机类型通常可分为直流（DC）伺服系统和交流（AC）伺服系统两大类。交流伺服系统按电机种类又分为同步型和异步型（感应）伺服系统两种。永磁同步交流伺服电机与直流伺服电机相比，具有无机械换向器和电刷、无运行火花、结构简单、运行可靠、转子不发热、定子绕组散热容易、不影响传动精度、易实现高速运行、易实现正反转切换、调速范围宽、快速响应性能好、可使用较高的电压、易实现大功率伺服驱动等优点。

交流异步伺服系统采用矢量变换控制，由于矢量变换计算复杂，电机低速特性不良，容易发热。而永磁同步交流伺服电机在转子上装有永磁材料，产生恒定磁场，励磁磁场和电枢电流有着固定的相位关系，因而矢量控制比较简单；在相同输出功率中，所需整流器和逆变器容量较小；另外还具有转子无损耗、电机功率因数高、快速响应能力强、低速运动平稳、输出转矩大、性价比高等优点。

综上所述，随着永磁材料性能的不断提高，大功率、高性能、控制性能优良的永磁同步交流伺服电机不断更新，永磁同步电机交流伺服系统逐渐成为现代伺服电驱动系统的主流，因此，本书采用永磁同步交流伺服电机。

3.4.3 伺服驱动器的配置

伺服驱动器的主要功能是按照控制器指令，实时控制加载在交流伺服电机上的电压或电流的大小。其工作过程为：在接收到控制器发送过来的模拟量信号以后，按照一定的算法将其转换为对应的电压或电流来控制交流伺服电机转动。

根据电机指标需求，伺服驱动器采用伦茨（Lenze）交流伺服驱动器，该驱动器具有高品质、多功能、低噪声的优点，可对伺服电机实现速度、转矩和位置的高精度控制。驱动器包括 PLC 和 PWM 控制两部分功能，其 I/O 口可以检测滚珠丝杠位置、终点开关状态，控制电机制动器的开合。驱动器正常状态下按照 CAN 主站的给定速度控制电机运动，PLC 程序可检测单个滚珠丝杠的状态，有故障时能确定是否向电机正常输出驱动电流或进行电机制动，并将故障代码通过 CAN 主站上报 PC 系统，以便采取进一步措施。驱动器的供电包括交流 380V 和直流 24V 两部分，其中交流部分为 PWM 提供母线电压，直流部分为 PLC 控制和 I/O 提供电源。其中，电机只有在交流和直流都正常的情况下才有可能输出转矩。如果只有直流，PLC 系统工作，电机无电流通过，检测到电机运动异常时控制电机进行制动；如果只有交流，电机自动处于制动状态，尽管电机无电流通过也能保证不会在负载作用下运动。

3.4.4　执行机构设计

伺服电动缸（直线运动执行器）主要由伺服电机、驱动器、缸体、轴承、滚珠丝杠及限位开关等组成，是整个运动平台系统的核心部件，结构组成如图 3-5 所示。虽然目前出现了可实现直接驱动的新型直线电机伺服系统，且动态性能优于滚珠丝杠螺旋驱动，但存在驱动力小、系统参数摄动、端部效应、负载扰动等诸多不确定性因素的影响，这些将直接反映到直线电机的运动控制中，增加了控制的困难，由于系统没有减速机构的缓冲作用，也将会降低执行系统性能，甚至导致系统的不稳定，而且其资金投入也较大。因此本书采用通用性好且成本较低的滚珠丝杠螺旋驱动，电机与滚珠丝杠间采用花键进行连接，利用电机正反转通过丝杠副产生沿导轨的直线往复运动，省去了同步带或减速器等变换传动的机构，提高了驱动系统的刚度、运动精度和响应速度，降低了传动环节的惯量偏置等。

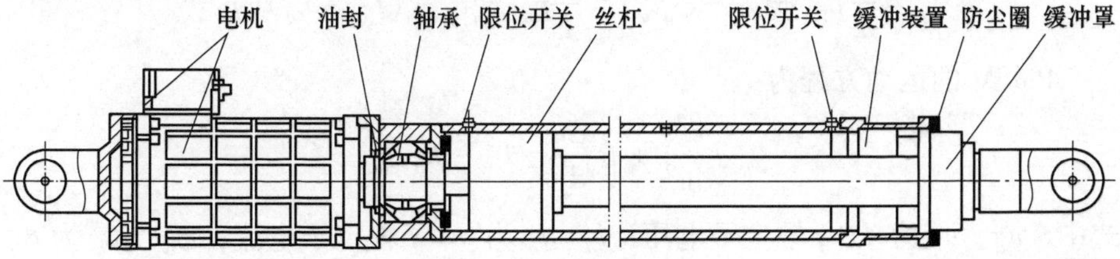

图 3-5　电动缸结构示意图

电动缸缸体采用滚珠丝杠副的传动形式，是在丝杠与螺母之间以滚珠（钢球）为滚动体的螺旋传动元件，将旋转运动变为直线运动。采用端导流式，可实现大负载下的高速传送，且循环部件无突出，运转平衡良好；采用有往复滚珠循环回路的多条螺母构造和大外径滚珠，实现大负载容量；采用滚珠丝杠构造的螺母螺旋方向，使得噪声降低到原管循环式的一半，实现基本静音。

3.4.5 PMSM 数学模型的建立

六自由度并联平台的驱动部分选用永磁同步电机（Permanent-Magnet Synchronous Motor，PMSM)，它与驱动器一起构成了伺服运动控制系统的核心。为了准确反映被控系统的静、动态特性，需要建立其数学模型，其准确程度是控制系统动态和静态性能好坏的关键，而 PMSM 的基本方程是数学模型的基础，包括电机的运动方程、物理方程和转矩方程。

交流永磁同步电机矢量控制的基本思想是：检测和控制电机的定子电流矢量，并根据磁场定向原理分别对励磁电流和转矩电流进行控制，从而达到控制电机转矩和磁链的目的，通过转矩和磁链的解耦，设计两者的调节器，这样就可以将普通三相交流电机等效为直流电机，以实现高性能控制。PMSM 的矢量控制系统原理如图 3-6 所示，PMSM 电流、电压、磁链和电磁转矩方程为

$$\frac{\mathrm{d}}{\mathrm{d}t}i_d = \frac{1}{L_d}u_d - \frac{R}{L_d}i_d + \frac{L_q}{L_d}p_n\omega_r i_q$$

$$\frac{\mathrm{d}}{\mathrm{d}t}i_q = \frac{1}{L_q}u_q - \frac{R}{L_q}i_q - \frac{L_d}{L_q}p_n\omega_r i_d - \frac{\phi_f p_n\omega_r}{L_q}$$

$$\phi_q = L_q i_q$$

$$\phi_d = L_d i_d + \phi_f$$

$$\phi_f = i_f L_{md}$$

$$T_e = \frac{3}{2}p_n(\phi_d i_q - \phi_q i_d) = \frac{3}{2}p_n[\phi_f i_q - (L_q - L_d)i_q i_d]$$

PMSM 的运动方程为

$$J\frac{\mathrm{d}^2 s}{\mathrm{d}t^2} + B\frac{\mathrm{d}s}{\mathrm{d}t} = T_e - T_L$$

式中　u_d、u_q 为 d、q 轴定子电压；i_d、i_q 为 d、q 轴定子电流；ϕ_d、ϕ_q 为 d、q 轴定子磁链；L_d、L_q 为 d、q 轴定子电感；ϕ_f 为转子上的永磁体产生的磁

势；J 为转动惯量（$kg \cdot m^2$）；T_e 为电磁转矩（$N \cdot m$）；T_L 为负载转矩，即输出转矩（$N \cdot m$）；B 为黏滞摩擦系数；ω_r 为转子角速度；$\omega = p_n\omega_r$ 为转子电角速度；p_n 为极对数。

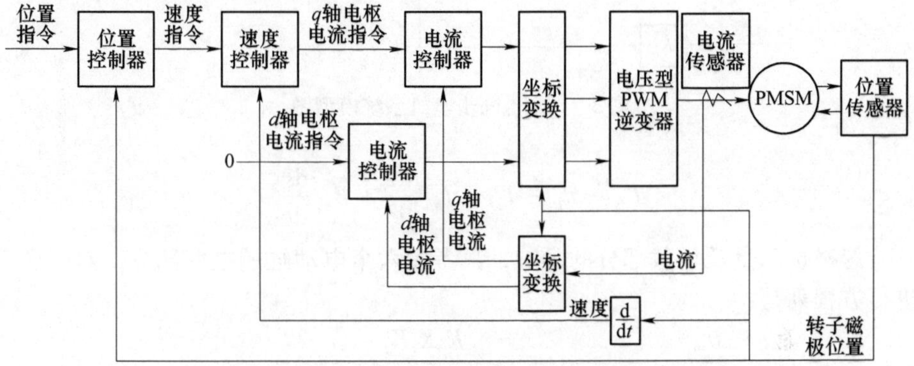

图 3-6 PMSM 矢量控制系统原理图

PMSM 采用电压控制方式，矢量控制采用坐标系为 d、q 旋转轴系，$i_d = 0$，则磁链和转矩简化为

$$\phi_d = \phi_f$$

$$\phi_q = L_q i_q$$

$$T_m = T_e = \frac{3}{2} p_n \phi_f i_q$$

这样控制原理就变得与直流电机一致，控制策略变得简单，定子电流与电磁转矩输出成正比，且无弱磁电流分量。在不影响控制性能的前提下，假设永磁同步电机三相绕组是对称、均匀的，永磁材料的磁导率为零，不计涡流和磁滞损耗，磁路不饱和，空间磁场呈正弦分布，转子为圆筒形（$L_d = L_q = L$），摩擦系数 $B = 0$，则 d、q 坐标系上 PMSM 的解耦状态方程为

$$\begin{bmatrix} i_q \\ \dot{\omega}_r \end{bmatrix} = \begin{bmatrix} -R/L & -p_n\phi_f/L \\ \frac{3}{2}p_n\phi_f i_q/J & 0 \end{bmatrix} \begin{bmatrix} i_q \\ \omega_r \end{bmatrix} + \begin{bmatrix} u_q/L \\ -T_L/J \end{bmatrix}$$

在零初始条件下，以电压 u_q 为输入、电机转角 θ_m 为输出的交流永磁同步电机系统模型图如图 3-7 所示，其中 $K_T = \frac{3}{2} p_n \phi_f$ 为电机力矩系数。

由于任何定轴传动机构通常可用惯性负载、阻尼负载和弹性负载三种基本模型来表示，所以在图 3-7 中，分析电机及机械传动部分有

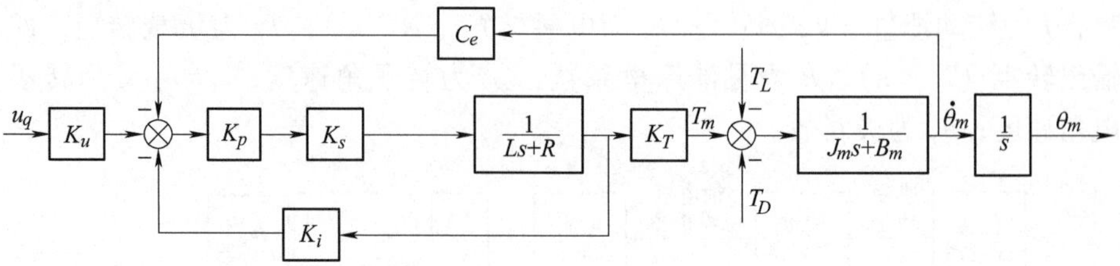

图 3-7　永磁同步电机系统模型图

$$T_m - T_L - T_D = J_m \frac{\mathrm{d}^2 s}{\mathrm{d}t^2} + B_m \frac{\mathrm{d}s}{\mathrm{d}t}$$

忽略扰动量及负载部分的影响，只考虑六个电动缸的电气部分，对图 3-7 进行方程列写：

$$\frac{\theta_m}{u_q K_u} = \frac{K_p K_s K_T}{(Ls + R + K_p K_s K_i)(J_m s + B_m) + K_T C_e}$$

对上式进一步整理得

$$L\dot{T}_m + (R + K_p K_s K_i) T_m = K_p K_s K_i K_u u_q - K_T C_e \dot{\theta}_m$$

考虑滚珠丝杠模型与传动的机械效率部分，设滚珠丝杠导程为 p_b，从动力源到螺旋传动主动件间的机械效率为 η，则有

$$l = \frac{p_b}{2\pi}\theta_m$$

$$f = \frac{2\pi\eta}{p_b}T_L$$

式中　p_n 为极对数；ϕ_f 为转子磁场的等效磁链；K_u 为功放系数；K_p 为电流调节器增益；K_s 为逆变器增益；K_i 为电流环反馈系数；C_e 为反电势系数；L 为电机绕组等效电感；R 为电机绕组等效电阻；T_m 为电机输出力矩；T_L 为平台施加到电机上的负载力矩；J_m 为电机轴以及丝杠的转动惯量；B_m 为黏性摩擦系数；η 为机械传动效率；l 为电机转角轴线上对应的直线行程。

令 $K_f = \dfrac{2\pi\eta}{p_b}$，则 K_f 是丝杠转轴驱动力矩和电动缸滑动杆驱动力之间的比例系数。

由上述式子整理，可得考虑电气驱动部分在内的铰点空间并联平台完整动力学模型：

$$\begin{cases} M_\theta(q)\ddot{\theta}_m + C_\theta(q,\ \dot{q})\dot{\theta}_m + G_\theta(q) = T_m \\ K_p K_s K_i K_u u_q - K_T C_e \dot{\theta}_m = L\dot{T}_m + (R + K_p K_s K_i) T_m \end{cases}$$

式中

$$M_{\theta}(q)=J_{m}I_{m}+\frac{p_{b}^{2}}{4\pi^{2}\eta}M_{l}(q)$$

$$C_{\theta}(q,\dot{q})=B_{m}I_{m}+\frac{p_{b}^{2}}{4\pi^{2}\eta}C_{l}(q,\dot{q})$$

$$G_{\theta}(q)=\frac{p_{b}}{2\pi\eta}G_{l}(q)$$

第 4 章

六自由度并联平台多目标优化设计

4.1 引言

机械结构优化设计的目的就是以较小的代价获得更好的综合性能。实际中遇到的结构优化设计大部分都是多目标、多约束、多准则、非线性等条件下的决策问题，复杂一些的情况还存在着参数耦合或不可微等现象，各性能指标相互牵制、相互抵触，这时就需要根据性能要求的主次，酌情考虑或以牺牲不重要的性能指标为代价，寻找符合设计意图的最佳设计方案。对于本书所研究的并联机构来说，目前优化设计方向大约分为两类：一类是研究新的并联机构构型，即型综合；另一类是对已有构型结构参数进行改进优化，即尺度综合。本书对六自由度并联平台进行多目标优化设计，性质就属于后者，是典型的多参数、多约束等多目标优化问题。其优化设计特点是：结构参数与动平台位姿高度耦合；评定指标较多，如工作空间、驱动功率、灵巧度、电动缸长度、刚度和奇异性等，但这些性能指标往往对于设计参数是相互矛盾的；线性与非线性约束条件也较多。因此，合理选用并联平台的设计指标，找到快速有效的优化方法，成为当前并联机构参数优化领域面临的一个热点问题之一。

尺度综合是按照给定的设计目标，在给定尺寸约束条件下得到最优结构参数值。目前，尽管关于并联平台的文献很多，但关于六自由度并联平台尺度综合和系统设计方面的文献还相对较少。Hara 和 Sugimoto 研发了并联机构综合程序，把综合内容主要归结到雅可比矩阵设计上；Han 等把 CAD/CAM 用于并联平台的优化设计；苏玉鑫等以雅可比条件数度量操作灵敏度作为并联平台的优化目标函数；Chakarov、Parushev 和 Bhattacharya 研究了以刚度为优化指标的设计方法。这些文献的不足之处是只取单个目标进行了优化，没能综合分析其他性能指标，具有片面性。为了克服这种现象，考虑并联平台性能的均衡性，一些研究者开始研究多种性能指标条件下的综合优化问题，如：姜虹等关于并联机床的优化设计问题，把刀尖的工作空间作为约束条件，求解了关于六条腿的受力、速度及尺寸综合最小条件下结构参数的最优值；Stoughton 和 Arai 以灵敏度和工作空间加权综合，进行了改型并联平台的优化；肖金陵等研究了结构参数对上平台运动速度、加速度、液压缸行程及受力的影响，采用迭代方法优化结构参数的取值；段学超提出以动力学耦合度与灵巧度为目标函数，利用自适应遗传算法进行并联机构带约束条件的多目标优化，并得到了很好的效果。综上所述，评价并联平台的性能指标较多，但是由于所设计的并联平台用途各异，因此在设计时要对某些指标有所侧重，对其他指标适当放宽。目前，对于并联机构结构参数进行优化设计方面，还没有完全通用且成熟的综合设计理论，优化设计方法也较多，其中遗传算法（GA）是典型的可以解决多目标优化问题的传统方法。

本书首先在全面分析影响并联平台相关各性能指标的基础上，综合考虑并联平台系统性能的具体要求，有针对性地确定设计变量、约束条件和目标函数；其次，以许多复杂实际工程优化中广泛应用的遗传算法为基础，采用改进实值自适应遗传算法，对并联平台结构参数进行多目标优化求解；最后，主要通过 ADAMS 软件以仿真的形式对优化设计的结果进行分析与验证。

4.2 六自由度并联平台性能指标

并联平台机构的综合分析与优化设计都是基于性能指标的评价来实现，这就要求性能指标应具有明确的物理意义，最好可用数学方程来描述且具有可计算性，因此性能指标的分析是优化设计的前提。其性能指标主要包括：工作空间、灵巧度、奇异位形、伺服带宽、解耦性、各向同性、刚度、固有频率、精度等。并联平台工作空间是指动平台的工作区域，主要有三种类型：可达工作空间（动平台的参考点可达位置点的集合）、灵巧工作空间（满足给定位姿范围时参考点可达位置点的集合）、全局工作空间（给定所有位姿时参考点可达位置点的集合）；奇异位形是并联机构的固有属性，对并联平台的工作性能有重要影响，当处于该位形时输入构件失去对输出构件的控制能力，因此在设计和应用时尽量避开；并联平台的运动与受力往往体现为强耦合和非线性，若能在某位姿下解耦或者各向同性，则在全域上具有相对较好的性能；有效地分析机构刚度与固有频率是保证设计的机构固有频率大于要求频宽的基础；性能指标还包括灵巧度、伺服带宽等。所以说，并联平台结构优化设计不是为了使单独某个性能指标最优，而是为了满足大部分综合性能指标的要求，由于性能指标和设计参数的多元性、耦合性和非线性，这给综合优化设计研究带来了极大困难。

4.2.1 雅可比矩阵

雅可比矩阵是并联平台分析与设计的基础，是性能指标分析的一个重要工具。雅可比矩阵除了能在运动学的位置、速度与加速度分析中反复用于计算外，在位形的集成、自由度分析、各种性能指标分析表达等工作中也起到关键性作用。例如：通过雅可比矩阵的秩，可探究并联平台的奇异性，如果约束方程的雅可比矩阵出现奇异，有三种可能：1）约束有冗余；2）出现锁定或分叉奇异构型；3）约束方程建立有误。

因此，有必要进行雅可比矩阵的分析与计算。下面就建立并联平台电动缸与动平台之间的速度映射和力映射关系，即速度雅可比矩阵与力雅可比矩阵，之后再通过对比分析，得出速度雅可比矩阵与力雅可比矩阵之间的对偶关系。

1. 速度雅可比矩阵

描述动平台操作空间的广义速度与其驱动空间电动缸伸缩速度之间的一种映射称为速度雅可比矩阵，即速度的一种传递矩阵，它在安全性、奇异性分析与速度控制中具有重要的意义。与串联机构相比，并联机构速度雅可比矩阵求解要复杂得多，主要是由并联机构具有多闭环结构的特点所决定的。求解方法有多种，其中有两种主流方法：封闭矢量求导法和旋量法。本书将以矢量法先建立其影响系数矩阵，再求出并联平台速度雅可比矩阵。

六自由度并联平台结构如图 2-5 所示，各种变量定义见第 2 章，由运动学反解方程 $l_i=\sqrt{(\boldsymbol{t}+\boldsymbol{R}\boldsymbol{a}_i-\boldsymbol{B}_i)^{\mathrm{T}}(\boldsymbol{t}+\boldsymbol{R}\boldsymbol{a}_i-\boldsymbol{B}_i)}$ 可得

$$l_i^2=\boldsymbol{L}_i\cdot\boldsymbol{L}_i$$

将上式两边对时间求导，得

$$l_i\dot{\boldsymbol{l}}_i=\boldsymbol{L}_i\cdot\boldsymbol{V}_{Ai}$$

式中　$\boldsymbol{V}_{Ai}$为动平台上铰点 A_i 的速度。

则第 i 个电动缸输入速度写成矩阵形式，可表示为

$$\dot{\boldsymbol{l}}_i=\boldsymbol{n}_i^{\mathrm{T}}\boldsymbol{V}_{Ai}$$

动平台上铰点速度 $\boldsymbol{V}_{Ai}$由动平台角速度 $\boldsymbol{\omega}=[\omega_x\quad\omega_y\quad\omega_z]^{\mathrm{T}}$ 和动平台上原点 O_1 速度 $\boldsymbol{V}=[V_x\quad V_y\quad V_z]^{\mathrm{T}}$ 求得：

$$\boldsymbol{V}_{Ai}=\boldsymbol{V}+\boldsymbol{\omega}\times\boldsymbol{A}_i$$

令 $\dot{\boldsymbol{p}} = [V_x \quad V_y \quad V_z \quad \omega_x \quad \omega_y \quad \omega_z]^{\mathrm{T}}$，则上式改写成矩阵形式：

$$\boldsymbol{V}_{Ai} = [\boldsymbol{G}_p^{Ai}]\dot{\boldsymbol{p}}$$

式中 $\boldsymbol{G}_p^{Ai} = [\boldsymbol{i} \quad \boldsymbol{j} \quad \boldsymbol{k} \quad \boldsymbol{i} \times \boldsymbol{A}_i \quad \boldsymbol{j} \times \boldsymbol{A}_i \quad \boldsymbol{k} \times \boldsymbol{A}_i] \in R^{3\times 6}$。

将上式整理可得

$$\dot{\boldsymbol{l}}_E = \boldsymbol{n}_i^{\mathrm{T}}[\boldsymbol{G}_p^{Ai}]\dot{\boldsymbol{p}}$$

式 $\dot{\boldsymbol{l}}_i = \boldsymbol{n}_i^{\mathrm{T}}[\boldsymbol{G}_p^{Ai}]\dot{\boldsymbol{p}}$ 的 6 个方程统一写成矩阵的形式：

$$\dot{\boldsymbol{l}} = \boldsymbol{J}^{-1}\dot{\boldsymbol{p}}$$

式中

$$\dot{\boldsymbol{l}} = [\dot{l}_1 \quad \dot{l}_2 \quad \dot{l}_3 \quad \dot{l}_4 \quad \dot{l}_5 \quad \dot{l}_6]^{\mathrm{T}}$$

$$\dot{\boldsymbol{p}} = [V_x \quad V_y \quad V_z \quad \omega_x \quad \omega_y \quad \omega_z]^{\mathrm{T}}$$

$$\boldsymbol{J}^{-1} = \begin{bmatrix} \boldsymbol{n}_1^{\mathrm{T}}[\boldsymbol{G}_p^{Ai}] \\ \boldsymbol{n}_2^{\mathrm{T}}[\boldsymbol{G}_p^{Ai}] \\ \vdots \\ \boldsymbol{n}_6^{\mathrm{T}}[\boldsymbol{G}_p^{Ai}] \end{bmatrix}$$

则 $\boldsymbol{J}^{-1}$ 为电动缸输入速度对动平台末端位姿速度的一阶影响系数矩阵。

由上式可得速度的正解方程为

$$\dot{\boldsymbol{p}} = \boldsymbol{J}\dot{\boldsymbol{l}}$$

则 $\boldsymbol{J}$ 为动平台末端位姿速度对电动缸输入速度的一阶影响系数矩阵，即通常所说的速度雅可比矩阵。

2. 力雅可比矩阵

描述驱动空间与动平台操作空间之间力传递关系的一种映射称为力雅可比矩阵，主要分析力的传递性能和机构的奇异性等问题。依据螺旋理论，对六自由度并联平台引出上平台在广义外力 F 作用下与电动缸驱动力 f 间的静平衡方程：

$$\boldsymbol{F} = \boldsymbol{F}' + \in \boldsymbol{M}' = \sum_{i=1}^{6} \boldsymbol{\$}_i \boldsymbol{f}_i = \boldsymbol{J}_f \boldsymbol{f}$$

式中 $\boldsymbol{F}'$ 为作用在动平台上的外力主矢；$\boldsymbol{M}'$ 为作用在动平台上的外力对坐标原点的主矩；$\in$ 为对偶标记符；$\boldsymbol{f}_i$ 为六个沿电动缸轴线的驱动力；$\boldsymbol{\$}_i$ 为固定坐标系中沿对应电动缸的螺旋线矢量；$\boldsymbol{J}_f = [\$_1 \quad \$_2 \quad \$_3 \quad \$_4 \quad \$_5 \quad \$_6]$ 为并联平台的力雅可比矩阵；$\boldsymbol{f} = [f_1 \quad f_2 \quad f_3 \quad f_4 \quad f_5 \quad f_6]^{\mathrm{T}}$ 为电动缸驱动力。

上式中 $\boldsymbol{J}_f$ 就是六自由度并联平台的力雅可比矩阵。根据图 2-6，将六自由

度并联平台结构参数代入，可得

$$\boldsymbol{\$}_i = \begin{bmatrix} \dfrac{\boldsymbol{A}_i - \boldsymbol{B}_i}{|\boldsymbol{A}_i - \boldsymbol{B}_i|} \\ \dfrac{\boldsymbol{B}_i \times \boldsymbol{A}_i}{|\boldsymbol{A}_i - \boldsymbol{B}_i|} \end{bmatrix} \quad (i = 1,\ 2,\ \cdots,\ 6)$$

则力雅可比矩阵可进一步表示为

$$\boldsymbol{J}_f = \begin{bmatrix} \dfrac{\boldsymbol{A}_1 - \boldsymbol{B}_1}{|\boldsymbol{A}_1 - \boldsymbol{B}_1|} & \dfrac{\boldsymbol{A}_2 - \boldsymbol{B}_2}{|\boldsymbol{A}_2 - \boldsymbol{B}_2|} & \cdots & \dfrac{\boldsymbol{A}_6 - \boldsymbol{B}_6}{|\boldsymbol{A}_6 - \boldsymbol{B}_6|} \\ \dfrac{\boldsymbol{B}_1 \times \boldsymbol{A}_1}{|\boldsymbol{A}_1 - \boldsymbol{B}_1|} & \dfrac{\boldsymbol{B}_3 \times \boldsymbol{A}_3}{|\boldsymbol{A}_n - \boldsymbol{B}_n|} & \cdots & \dfrac{\boldsymbol{B}_6 \times \boldsymbol{A}_6}{|\boldsymbol{A}_6 - \boldsymbol{B}_6|} \end{bmatrix}$$

3. 速度雅可比矩阵与力雅可比矩阵之间的关系

在串联机构研究中，熊有伦教授提出速度雅可比矩阵与力雅可比矩阵互为转置关系，并从理论上进行了证明。对并联机构两者关系虽有部分文献论述，但没有进行明确理论推导证明。这里就以六自由度并联平台为例，分析并联机构速度雅可比矩阵与力雅可比矩阵的关系。

由速度雅可比矩阵推导可知

$$\boldsymbol{n}_i = \frac{\boldsymbol{A}_i - \boldsymbol{B}_i}{|\boldsymbol{A}_i - \boldsymbol{B}_i|}$$

$$\boldsymbol{n}_i^{\mathrm{T}}[\boldsymbol{G}_p^{Ai}] = \frac{[\boldsymbol{A}_i - \boldsymbol{B}_i]^{\mathrm{T}}}{|\boldsymbol{A}_i - \boldsymbol{B}_i|}[\boldsymbol{i} \quad \boldsymbol{j} \quad \boldsymbol{k} \quad \boldsymbol{i} \times \boldsymbol{A}_i \quad \boldsymbol{j} \times \boldsymbol{A}_i \quad \boldsymbol{k} \times \boldsymbol{A}_i]$$

$$\boldsymbol{n}_i^{\mathrm{T}}[\boldsymbol{G}_p^{Ai}] = \frac{[\boldsymbol{A}_i - \boldsymbol{B}_i]^{\mathrm{T}}}{|\boldsymbol{A}_i - \boldsymbol{B}_i|}\begin{bmatrix} 1 & 0 & 0 & 0 & A_{iz} & -A_{iy} \\ 0 & 1 & 0 & -A_{iz} & 0 & A_{ix} \\ 0 & 0 & 1 & A_{iy} & -A_{ix} & 0 \end{bmatrix}$$

则 $\boldsymbol{J}^{-1} = \dfrac{1}{|\boldsymbol{A}_i - \boldsymbol{B}_i|}[A_{ix} - B_{ix} \quad A_{iy} - B_{iy} \quad A_{iz} - B_{iz} \quad A_{iz}B_{iy} - A_{iy}B_{iz} \quad A_{ix}B_{iz} -$
$A_{iz}B_{ix} \quad A_{iy}B_{ix} - A_{ix}B_{iy}]$

对上式进行整理得

$$\boldsymbol{J}^{-1} = \frac{1}{|\boldsymbol{A}_i - \boldsymbol{B}_i|}[(\boldsymbol{A}_i - \boldsymbol{B}_i)^{\mathrm{T}} \quad (\boldsymbol{B}_i \times \boldsymbol{A}_i)^{\mathrm{T}}]$$

由力雅可比矩阵推导可知

$$\boldsymbol{J}_f = \frac{1}{|\boldsymbol{A}_i - \boldsymbol{B}_i|}\begin{bmatrix} (\boldsymbol{A}_i - \boldsymbol{B}_i) \\ (\boldsymbol{B}_i \times \boldsymbol{A}_i) \end{bmatrix}$$

整理上式可得

$$\boldsymbol{J} = (\boldsymbol{J}_f^{-1})^{\mathrm{T}}$$

综上可以看出，并联平台速度雅可比矩阵与力雅可比矩阵也具有对偶性，其关系为转置之逆。

4.2.2 灵巧度

由空间机构学理论可知，当并联机构处在特殊位形时，其雅可比矩阵行列式为零，这意味着并联平台有冗余自由度，机构运动学反解不存在，其运动具有不确定性，所以应当避免这些特殊位形。而在实际中，当并联平台接近特殊位形时，其雅可比矩阵就已成为病态矩阵，这时其逆矩阵精度降低，使并联平台输入与输出运动关系之间传递失真，衡量这种运动性能失真程度的指标就是灵巧度。本书采用 Salisbury 等人提出的利用雅可比矩阵条件数作为并联平台的灵巧度。

由第 2 章式 $\dot{l}_i = \underbrace{[\boldsymbol{n}_i^{\mathrm{T}} \quad (\boldsymbol{R}\boldsymbol{a}_i \times \boldsymbol{n}_i)^{\mathrm{T}}]}_{\boldsymbol{J}} \begin{bmatrix} \dot{\boldsymbol{t}} \\ \boldsymbol{\omega}_p \end{bmatrix}$ 可知，如果雅可比矩阵非奇异，则有

$$\dot{\boldsymbol{q}} = \boldsymbol{J}^{-1} \cdot \dot{\boldsymbol{l}}$$

由式 $\dot{\boldsymbol{q}} = \boldsymbol{J}^{-1} \cdot \dot{\boldsymbol{l}}$ 可以看出，假设并联平台各电动缸驱动速度存在一定偏差 $\delta\dot{\boldsymbol{l}}$，则在动平台上也会造成一定的速度偏差 $\delta\dot{\boldsymbol{q}}$，$\dot{\boldsymbol{q}} = \boldsymbol{J}^{-1} \cdot \dot{\boldsymbol{l}}$ 可写成

$$\dot{\boldsymbol{q}} + \delta\dot{\boldsymbol{q}} = \boldsymbol{J}^{-1}(\dot{\boldsymbol{l}} + \delta\dot{\boldsymbol{l}})$$

上式相减，可得

$$\delta\dot{\boldsymbol{q}} = \boldsymbol{J}^{-1}\delta\dot{\boldsymbol{l}}$$

根据矩阵理论，由上式整理，可有如下关系式：

$$\frac{\|\delta\dot{\boldsymbol{q}}\|}{\|\dot{\boldsymbol{q}}\|} \leqslant \|\boldsymbol{J}\| \cdot \|\boldsymbol{J}^{-1}\| \cdot \frac{\|\delta\dot{\boldsymbol{l}}\|}{\|\dot{\boldsymbol{l}}\|}$$

式中　$\|\cdot\|$为向量或矩阵的范数；$\|\boldsymbol{J}\| \cdot \|\boldsymbol{J}^{-1}\|$为雅可比矩阵条件数，用 $C(\boldsymbol{J})$ 表示。

可以看出，$C(\boldsymbol{J})$ 是雅可比矩阵之逆矩阵精确度的一个度量，则有

$$1 \leqslant C(\boldsymbol{J}) < \infty$$

分析式 $\dot{\boldsymbol{q}} = \boldsymbol{J}^{-1} \cdot \dot{\boldsymbol{l}}$、$\dfrac{\|\delta\dot{\boldsymbol{q}}\|}{\|\dot{\boldsymbol{q}}\|} \leqslant \|\boldsymbol{J}\| \cdot \|\boldsymbol{J}^{-1}\| \cdot \dfrac{\|\delta\dot{\boldsymbol{l}}\|}{\|\dot{\boldsymbol{l}}\|}$ 可知，若矩阵条件数较大，

求并联平台速度反解时，会导致输入和输出速度之间的传递关系失真，求并联平台速度正解时，电动缸输入微小的速度偏差将导致并联平台较大的速度偏差，因此雅可比矩阵条件数可视为速度偏差的放大系数，在对并联平台结构参数进行设计时，应该使该条件数尽量取较小值。特别当灵巧度等于 1 时，平台具有最佳运动传递性能，称这种情况为运动学各向同性；而当灵巧度无穷大时，平台则处于特殊位形。因此，雅可比矩阵条件数可作为并联平台优化设计的目标函数之一。

本书采用雅可比矩阵谱范数的方法进行计算，其谱范数定义如下：

$$\|\boldsymbol{J}\| = \max_{\|\boldsymbol{x}\|=1} \|\boldsymbol{J}\boldsymbol{x}\|$$

则有

$$\|\boldsymbol{J}\|^2 = \max_{\|\boldsymbol{x}\|=1} \|\boldsymbol{x}^{\mathrm{T}}\boldsymbol{J}^{\mathrm{T}}\boldsymbol{J}\boldsymbol{x}\|$$

由此可知，$\|\boldsymbol{J}\|^2$ 是矩阵 $\boldsymbol{J}^{\mathrm{T}}\boldsymbol{J}$ 的最大特征值。如果矩阵 $\boldsymbol{J}$ 非奇异，则 $\boldsymbol{J}^{\mathrm{T}}\boldsymbol{J}$ 为正定矩阵，其特征值均为正数，所以矩阵 $\boldsymbol{J}$ 的谱范数是该矩阵的最大奇异值 σ_M($\boldsymbol{J}^{\mathrm{T}}\boldsymbol{J}$ 最大特征值的平方根)，而矩阵 $\boldsymbol{J}^{-1}$ 的谱范数为 $1/\sigma_m$，σ_m 是该矩阵的最小奇异值，所以雅可比矩阵条件数计算式为

$$C(\boldsymbol{J}) = \sigma_M/\sigma_m$$

4.2.3　工作空间

机构的工作空间是指机构操作器工作的区域，它的大小是衡量机构性能的重要指标。根据机构操作器工作时的位姿特点，工作空间分为：可达工作空间和灵活工作空间。但对于并联平台来说，由于受机构结构的限制，平台一般不能绕某一点做整周转动，所以并联平台一般没有通常所说的灵活工作空间，只能讨论并联平台的工作空间，这也正是并联平台设计的关键。

并联平台工作空间是指动平台上设定参考点运动所能到达的所有点集合。在整体尺寸相同的情况下，相比于串联机构，并联机构的工作空间较小，且具有奇异位姿的缺点。因此，在整体结构尺寸有限的情况下，如何优化结构的尺寸参数以得到更大的工作空间，是一个非常重要的优化指标。然而，完整的工作空间是一个六维空间，很难用图形表示，所以目前大部分情况下都采取降维的方法，在给定一定的姿态参数后，参考点在空间所有可能位置的集合，即固定动平台的姿态。最近也有学者提出新的研究方向“姿态空间”，就是在给定并联平台参考点的位置后，在各个方向上可能有的最大姿态角的集合，这对并联平台的奇异性分析和规划很有意义。然而，即使对并联平台进行降维处理，其工作空间的解析求解仍是一个非常复杂的问题，主要原因

是：限制工作空间的因素较多，如杆长限制、摆角限制、奇异位形和碰撞干涉等各种约束条件；该空间属于六维空间，其外形非常复杂，很难进行几何形体描述。因此，其工作空间计算很大程度上依赖于机构位置解的研究结果，至今仍没有完善的方法，特别是对于六自由度并联平台，目前文献提到工作空间的确定主要有两种方法：几何法和代数法。几何法是在考虑各种几何与非几何约束的前提下，由六个驱动杆可达范围的交集来确定工作空间边界，该方法虽避开了烦琐的数学运算，但不易程序化，结构优化与性能评估等不能定量地进行，所以很难推广应用。代数法可分为两种：一种是正向分析，利用正解来求工作空间的边界，但正解的求解相当复杂，需求解多元非线性方程组，至今还没有得到很好的解决；另一种是逆向分析，利用反解来确定工作空间边界，该方法其实就是一种搜索算法，即在给定的空间内取样，通过反解方程确定各种约束来判别是否属于工作空间范围内，该方法尽管效率低、耗时长，但有着概念清晰、易程序化的优点。因此，基于上述分析，本书将采用逆向分析代数法来计算工作空间。

4.2.3.1 影响并联平台工作空间的约束

任何机构都会受到实际结构的约束，影响并联平台工作空间的因素主要有正解的不唯一性、力奇异性、电动缸的极限伸长量、上下铰点虎克铰转角和电动缸的运动干涉等几何约束条件。由于受研究重点与篇幅所限，以下仅就约束条件分别进行结论性阐述，具体可参阅文献。

1. 正解不唯一性约束

对并联平台位姿控制是通过改变电动缸长度来实现的，但由 2.4 节可知对于同一组电动缸长度值，动平台将会有 40 种不同的位姿与之对应，因此为了在实际运动中避免出现运动的不确定性，就必须确保动平台始终在某一个确定的正解区域内运动，而不会窜到另一个正解区域中。

2. 力奇异性约束

当并联平台的动平台处于某些特殊空间位姿时，整个机构会失去对外力或外力矩的平衡能力，也就是所说的力奇异现象，必须在实际运动中予以避免。可以证明，正解的多解性与力奇异性实际上是相同的，理论上可通过计算平台的雅可比矩阵的秩来判别，若缺秩则表明平台一定处于力奇异性约束，然而实际中这只是一种理想的判断方法，当动平台位姿接近奇异位形时，就失去了机构的稳定性。

3. 电动缸长度约束

由并联平台运动学反解式 $\boldsymbol{l}_i = \sqrt{(\boldsymbol{t} + \boldsymbol{R}\boldsymbol{a}_i - \boldsymbol{B}_i)^{\mathrm{T}}(\boldsymbol{t} + \boldsymbol{R}\boldsymbol{a}_i - \boldsymbol{B}_i)}$ 可知，随

着动平台位姿的变化，电动缸的伸长量也在不断变化，但电动缸的长度变化范围是有限的，这里用 $L_{\min}$、$L_{\max}$ 来表示第 i 个电动缸伸缩的极限值。

因此，当任何一电动缸长度到达其极限值时，动平台上的参考点也就达到了工作空间上的位置边界。

4. 上下铰点虎克铰转角约束

在物理结构上，驱动副不能整圈转动，其转动是有一定范围约束的。虎克铰转角范围由其结构尺寸及其在并联平台系统中的安装位置来决定，与电动缸的结构设计无关。与球铰相比，它具有转角范围大、承载能力强、抗拉强度高，以及可以根据实际需要自行设计与制造等诸多优点，因此在大负载运动平台系统中得到极大的关注。为了避免平台出现由虎克铰干涉引起的死区，需要对虎克铰转角范围进行约束，结合图 4-1，根据平台的位置反解，可推导出固定平台及动平台上、下虎克铰转角约束方程：

$$\theta_{Ai} = \arccos \frac{\boldsymbol{L}_i \cdot \boldsymbol{Rn}_{Ai}}{|\boldsymbol{L}_i||\boldsymbol{Rn}_{Ai}|} \leqslant \theta_{Ai\max} \qquad (i=1,\ 2,\ \cdots,\ 6)$$

$$\theta_{Bi} = \arccos \frac{\boldsymbol{L}_i \cdot \boldsymbol{Rn}_{Bi}}{|\boldsymbol{L}_i||\boldsymbol{Rn}_{Bi}|} \leqslant \theta_{Bi\max} \qquad (i=1,\ 2,\ \cdots,\ 6)$$

式中　$\boldsymbol{n}_{Ai}$、$\boldsymbol{n}_{Bi}$ 分别为上、下虎克铰安装基座的安装法向矢量；$\theta_{Ai\max}$、$\theta_{Bi\max}$ 分别为动平台、定平台上第 i 个虎克铰的最大转角。

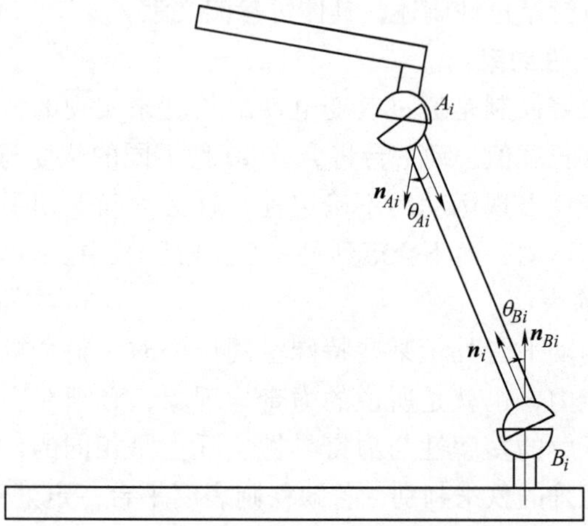

图 4-1　六自由度并联平台转角约束

实际上，六自由度并联平台工作空间并不要求虎克铰在各个方向上都具有较大的转角。可以利用其在某个方向上转角极大且容易实现的特点，对虎克铰安装角度进行优化设计，达到在虎克铰转角范围内不限制工作空间体积、不影响工作空间形态的目的，这样就可以取消虎克铰转角约束方程，进一步简化结构约束条件，降低性能分析的复杂性。

5. 电动缸运动干涉约束

连接定、动平台的电动缸具有一定的几何尺寸，因此并联平台的运动会使连杆之间发生干涉现象。假设并联平台各连杆都是圆柱形，其直径为 D，若 D_i 为相邻两杆中心线之间的最短距离，则相邻两杆不发生运动干涉的条件为

$$D_i \geqslant D$$

4.2.3.2 工作空间的确定方法

本书所设定的参考点为并联平台的中心点，即动平台连体坐标系原点。当动平台位姿给定后，通过上述方法计算各种约束，将计算结果与其允许值范围进行比较来判断工作空间的边界，工作空间大小采用体积 V 来定量表示，具体算法步骤如下：

1）工作空间范围估计。

2）将估计的工作空间用平行于 XY 面的平面分割成厚度为 ΔZ 的微分子空间，并设该子空间为高度 ΔZ 的圆柱，如图 4-2 所示。对于每一微分子空间，按照给出的约束条件，从比 $Z_{\min}$ 还要小的值到 $Z_{\max}$ 开始搜索给定姿态的边界。其中，空间的截面可能是单域，用直线 1 表示；也可能是多域，用直线 2 表示。

3）采用快速极坐标搜索法（见图 4-3），在每一子空间内，极角以递增量 $\Delta\gamma$ 从零搜索到 2π，极径 ρ 以递增量 $\Delta\rho$ 从零搜索到 $\rho_{\max}$，如果约束条件从不满足到满足或从满足到不满足时，则说明该坐标点为界点；如果搜索时超出边界，则递减极径直至满足约束条件之一。重复上述搜索过程，可得子工作空间的工作范围。为了避免出现漏掉多域空间的现象，$\rho_{\max}$ 应取足够大。微分子空间的体积计算如下：

单域子空间如图 4-4 所示，其子空间体积为

$$V_i = \frac{1}{2}\sum_j \rho_j^2 \Delta\gamma\Delta Z$$

多域子空间如图 4-5 所示，其子空间体积为

$$V_i = \frac{1}{2}\sum_j (\rho_{j1}^2 + \rho_{j3}^2 - \rho_{j2}^2)\Delta\gamma\Delta Z$$

则六自由度并联平台工作空间的体积 V 就是各微分子空间体积的总和，即 $V=\sum V_i$。

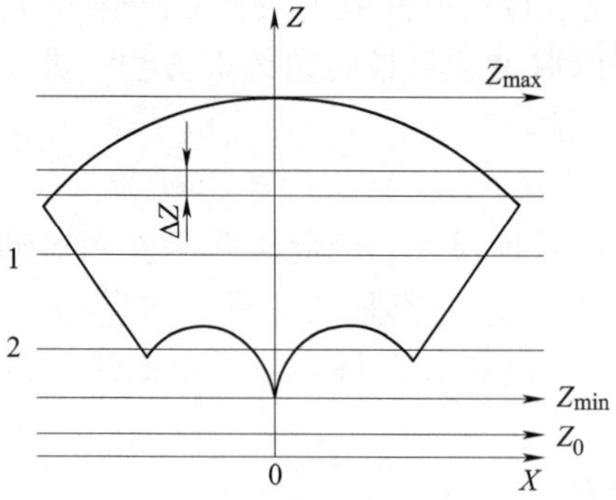

图 4-2　工作空间微分子空间

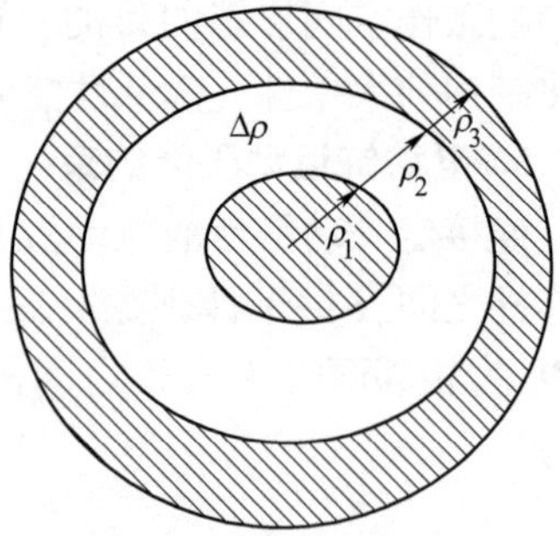

图 4-3　工作空间边界的搜索算法

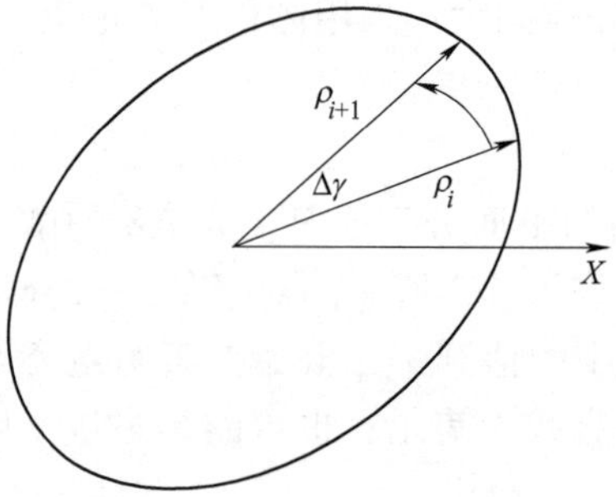

图 4-4　单域工作空间截面图

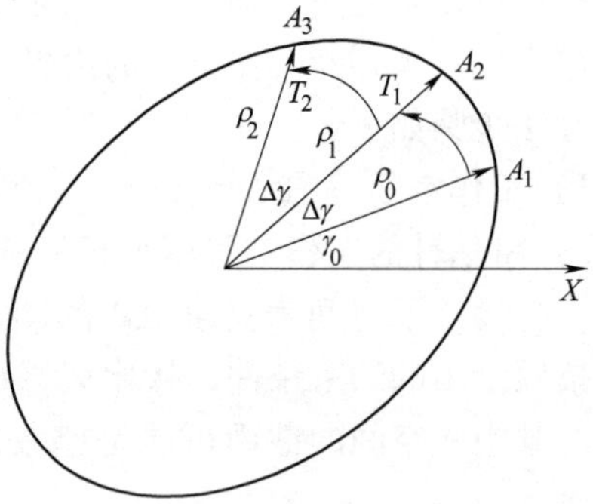

图 4-5　多域工作空间截面图

4.2.4　电动缸伺服带宽

伺服电动缸是并联平台运动系统的核心部件，用交流伺服电机带动滚珠丝杠，通过丝杠副产生沿导轨的直线运动，结构如图 3-5 所示。由于电机与滚珠丝杠采用花键连接，电机轴承、框架等也都分属不同部件，所以在电机驱动力矩的作用下，这些部件都会产生某种程度的变形。由于弹性变形的存在，电动缸在传递运动时可视为含有储能元件，因此对于要求响应速度快、精度高的并联平台系统，其弹性变形对系统性能的影响是不能忽视的。电动缸系统模型如图 4-6 所示。

由图 4-6 可知，其输入的驱动电压与输出的力之间的传递函数为

$$G(s)=\frac{F(s)}{U_q(s)}=\frac{K_u K_f G_L(J_L s+B_L)}{A_4 s^4+A_3 s^3+A_2 s^2+A_1 s+A_0}$$

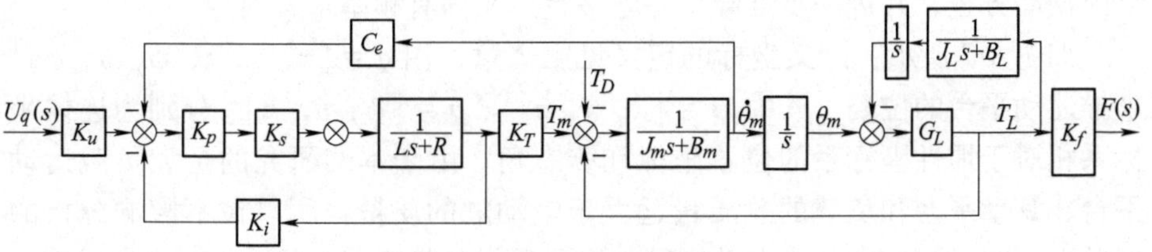

图 4-6　电动缸系统模型图

式中

$$A_4 = J_L J_m L$$

$$A_3 = (R + K_p K_s K_i) J_L J_m + (J_L B_m + J_m B_L) L$$

$$A_2 = (R + K_p K_s K_i)(J_L B_m + J_m B_L) + (J_L + J_m) L G_L + B_L B_m L$$

$$A_1 = (R + K_p K_s K_i)(J_L G_L + J_m G_L + B_m B_L) + (B_L + B_m) L G_L$$

$$A_0 = (R + K_p K_s K_i)(B_L + B_m) G_L$$

式中　K_u为功放系数，取 3.0；K_p 为电流调节器增益，取 1.5；K_s 为逆变器增益，取 1.5；K_i 为电流环反馈系数，取 1.0；K_T 为电机力矩系数，取 5.33Nm/A；K_f 为滚珠丝杠转轴驱动力矩与电动缸驱动力之间的比例系数，取 0.135；C_e 为反电动势系数，取 3.08V/(r/min)；L 为电机绕组等效电感，取 7.19mH；R 为电机绕组等效电阻，取 0.182Ω；J_m 为电机轴以及丝杠的转动惯量，取 940kg · cm^2；B_m 为电机轴的黏性摩擦系数，取 20Pa · s；J_L 为负载等效到滚珠丝杠螺母的转动惯量，取 810kg · cm^2；B_L 为滚珠丝杠的黏性摩擦系数，取 80Pa · s；G_L 为电机轴与花键的等效刚度，取 1100N/μm。

4.2.5　刚度与固有频率

并联平台抵抗振动能力的大小是评价其动态性能的重要指标之一，刚度不足将使机构固有频率降低、动态特性下降、动态精度降低；固有频率提高，可避免共振的发生，并提高控制带宽。可以通过改善和优化并联平台系统的结构参数，提高系统刚度和固有频率，避免共振发生，为控制系统提供有利频宽。因此，振动特性分析是并联平台结构设计与控制策略研究过程中不容忽视的问题。

以工程实际中出现的振动问题为出发点，为了使并联平台控制系统能够达到要求的频宽，该机构振动频率需超过要求频宽的 2 倍。而目前对电动式六自由度构型并联平台振动特性的分析与测试研究还相对较少，因此有必要利用多自由度系统振动理论分析并联平台系统的振动频率和响应。本书采用线性化方法构造出并联平台预载情况下广义刚度矩阵模型，在此基础上建立自由振动方程，并进一步推导出并联平台广义固有频率求解模型。

如图 4-7 所示，广义坐标的定义见第 2 章，用 $\boldsymbol{q}=[x, y, z, \phi, \theta, \varphi]^{\mathrm{T}}$ 来描述动平台的位姿，其中，$\boldsymbol{t}=[x, y, z]^{\mathrm{T}}$、$\boldsymbol{p}=[\phi, \theta, \varphi]^{\mathrm{T}}$ 分别为连体坐标系相对于惯性坐标系的位置坐标和姿态角。由于本书研究的是大负载运动平台，其动平台和负载的总质量远大于电动缸的质量，所以在不影响分析的情况下，为了研究方便将电动缸等效为无质量弹簧阻尼系统。

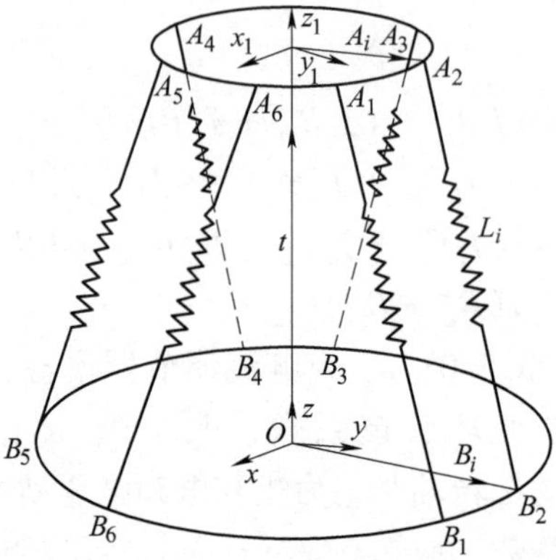

图 4-7　系统坐标定义图

4.2.5.1　广义刚度

设电动缸对动平台的作用力为 f_i（方向沿着电动缸的轴线指向上铰点），动平台所受常值外力为 F_e 和常值外力矩为 M_e，在平台静平衡状态下列写动平台力和力矩平衡方程如下：

$$m_p g + F_e + \sum_{i=1}^{6} f_i = 0$$

$$M_e + \sum_{i=1}^{6} Ra_i \times f_i = 0$$

设 $\boldsymbol{f}=[f_1, f_2, f_3, f_4, f_5, f_6]^{\mathrm{T}}$，则把上式整理写成矩阵形式为

$$\boldsymbol{f}=\begin{bmatrix} n_1 & n_2 & n_3 & n_4 & n_5 & n_6 \\ Ra_1 & Ra_2 & Ra_3 & Ra_4 & Ra_5 & Ra_6 \end{bmatrix}^{\mathrm{T}} \begin{bmatrix} -m_p g - F_e \\ M_e \end{bmatrix}$$

设 ΔF_e 和 ΔM_e 分别是 F_e 和 M_e 的微小变化量，则由此引起平台微小位姿变化量为 Δx 和 $\Delta\theta$，其中 $\Delta x=[\mathrm{d}x, \mathrm{d}y, \mathrm{d}z]^{\mathrm{T}}$ 和 $\Delta\theta=[\mathrm{d}\phi, \mathrm{d}\theta, \mathrm{d}\varphi]^{\mathrm{T}}$

将上式进行线性化处理有

$$\Delta F = - \sum_{i=1}^{6} \Delta f_i$$

式中　Δf_i 为 f_i 的微分。

将式 $M_e + \sum_{i=1}^{6} Ra_i \times f_i = 0$ 进行线性化处理有

$$\Delta M = - \sum_{i=1}^{6} R\Delta a_i \times f_i + Ra_i \times \Delta f_i$$

式中　Δa_i 为 a_i 的微分。

上式中的 Δf_i 可进一步写成

$$\Delta f_i = \Delta f_i n_i + f_i \Delta n_i$$

式中　Δn_i 为 n_i 的微分。

由虎克定律可得

$$\Delta f_i = - K_i \Delta L_i$$

式中　K_i 为电动缸等效弹簧刚度（N/m）；ΔL_i 为电动缸等效弹簧变形（m）。

电动缸是驱动力传动的主要部件，其等效弹簧刚度 K_i 可近似为滚珠丝杠副传动刚度，即轴向刚度与扭转刚度。滚珠丝杠副轴向刚度反映传动系统抵抗轴向变形的能力，是指包括滚珠丝杠副、支承轴承等在内的传动系统的综合拉压刚度，但根据滚珠丝杠安装方式的不同也有所区别；滚珠丝杠副扭转刚度反映了传动系统抵抗扭转变形的能力，而这里影响扭转变形的主要因素是丝杠，也就是指丝杠的扭转刚度。滚珠丝杠副总传动刚度 K_i 具体计算如下：

传动滚珠丝杠副轴向弹性变形量为

$$\delta_1 = \frac{F}{K_F}$$

传动滚珠丝杠扭转引起的轴向变形量为

$$\delta_2 = \frac{F}{K_M} \times \left[\frac{t}{2\pi}\right]^2 \times 10^3$$

可得滚珠丝杠副总的轴向变形量为

$$\delta = \delta_1 + \delta_2 = F\left[\frac{1}{K_F} + \frac{1}{K_M} \times \left(\frac{t}{2\pi}\right)^2 \times 10^3\right]$$

由上式可得滚珠丝杠副传动刚度 K_i 为

$$\frac{1}{K_i} = \frac{1}{K_F} + \frac{1}{K_M\left(\frac{2\pi}{t}\right)^{-2} \times 10^{-3}}$$

式中　K_F 为滚珠丝杠副传动系统轴向刚度；K_M 为滚珠丝杠副扭转刚度；K_i 为滚珠丝杠副总传动刚度；t 为滚珠丝杠导程。

滚珠丝杠副传动系统轴向刚度 K_F 求解如下：

$$K_F = \frac{1}{K_S} + \frac{1}{K_N} + \frac{1}{K_B} + \frac{1}{K_H}$$

式中　K_S 为丝杠轴向刚度（N/μm）；K_N 为螺母组件轴向刚度（N/μm）；K_B 为支承轴承轴向刚度（N/μm）；K_H 为螺母支架及轴承支架轴向刚度（N/μm）。

丝杠轴向刚度 K_S 随载荷作用点至支承端距离的变化而改变，其最小刚度 K_S 计算如下：

$$K_S = \frac{AE}{L_i} \times 10^{-3}$$

式中　A 为丝杠的断面面积（mm^2），$A = \pi d^2/4$（d 为螺纹小径，mm）；E 为丝杠材料的弹性模量（MPa），对于钢材 $E = 2.07 \times 10^5$MPa；L_i 为载荷作用点距支承端的最大距离（mm）。

螺母组件轴向刚度 K_N 计算如下：

$$K_N = 0.8K'_N\left[\frac{F}{0.3C_a}\right]^{1/3}$$

式中　K'_N为产品样本尺寸表中给出的刚度值；F 为轴向载荷；C_a 为额定载荷。

支承轴承轴向刚度 K_B 计算如下：

$$K_B = \frac{F}{\delta_B}$$

$$\delta_B = \frac{2}{\sin\alpha}\left[\frac{0.01Q^3}{d_0}\right]^{1/3}$$

$$Q = \frac{F}{Z\sin\alpha}$$

式中　F 为轴向载荷（N）；δ_B 为轴承轴向弹性位移量（μm）；α 为接触角（°）；Q 为加于轴承一个滚动体上的载荷（N）；d_0 为轴承滚动体的直径（mm）；Z 为轴承滚动体个数。

螺母支架及轴承支架轴向刚度 K_H 计算如下：

螺母支架刚度等于 0.8 乘以螺母刚度，轴承安装部件刚度可通过采用高刚度支承部件解决，所以一般$\frac{1}{K_H} \to 0$。

滚珠丝杠副扭转刚度 K_M 计算如下：

影响滚珠丝杠副扭转变形的主要因素是丝杠，而丝杠扭转刚度是指丝杠抵抗扭转变形的能力，其计算公式为

$$K_M=\frac{M}{\theta}=\frac{GJ_p}{L_i}$$

式中 θ 为扭转角（rad）；M 为扭矩（N·mm）；G 为丝杠材料抗剪弹性模量（MPa），钢材 $G=8.24\times10^4$MPa；J_p 为截面惯性矩（mm^4），对实心丝杠 $J_p=\frac{\pi}{32}d^4$。

由并联平台运动学分析可知

$$\Delta \boldsymbol{L}_i=\boldsymbol{n}_i\cdot(\Delta\boldsymbol{x}+\Delta\boldsymbol{\theta}\times\boldsymbol{Ra}_i)$$

$$\Delta \boldsymbol{n}_i=\boldsymbol{n}_i\times\frac{1}{L_i}(\Delta\boldsymbol{x}+\Delta\boldsymbol{\theta}\times\boldsymbol{Ra}_i)\times\boldsymbol{n}_i$$

则由上述式子整理可得

$$\Delta\boldsymbol{f}_i=-K_i\boldsymbol{n}_i\cdot(\Delta\boldsymbol{x}+\Delta\boldsymbol{\theta}\times\boldsymbol{Ra}_i)\boldsymbol{n}_i+\frac{\boldsymbol{f}_i}{L_i}\boldsymbol{n}_i\times(\Delta\boldsymbol{x}+\Delta\boldsymbol{\theta}\times\boldsymbol{Ra}_i)\times\boldsymbol{n}_i$$

将上述式子整理得

$$\Delta F=-\sum_{i=1}^{6}\left[K_i\boldsymbol{n}_i\cdot(\Delta\boldsymbol{x}+\Delta\boldsymbol{\theta}\times\boldsymbol{Ra}_i)\boldsymbol{n}_i+\frac{\boldsymbol{f}_i}{L_i}\boldsymbol{n}_i\times(\Delta\boldsymbol{x}+\Delta\boldsymbol{\theta}\times\boldsymbol{Ra}_i)\times\boldsymbol{n}_i\right]$$

$$\Delta M=-\sum_{i=1}^{6}\left[\Delta\boldsymbol{\theta}\times\boldsymbol{Ra}_i\times\boldsymbol{f}_i+\boldsymbol{Ra}_i\times[-\boldsymbol{K}_i\boldsymbol{n}_i\cdot(\Delta\boldsymbol{x}+\Delta\boldsymbol{\theta}\times\boldsymbol{Ra}_i)\boldsymbol{n}_i]+\frac{\boldsymbol{f}_i}{L_i}\boldsymbol{n}_i\times\right.$$
$$\left.(\Delta\boldsymbol{x}+\Delta\boldsymbol{\theta}\times\boldsymbol{Ra}_i)\times\boldsymbol{n}_i\right]$$

基于矢量力学，根据矩阵及并矢运算规则，则上式可进一步写成

$$\begin{bmatrix}\Delta F\\ \Delta M\end{bmatrix}=\begin{bmatrix}\sum_{i=1}^{6}\left\{K_i\boldsymbol{n}_i\boldsymbol{n}_i^{\mathrm{T}}-\frac{f_i}{L_i}(\boldsymbol{E}-\boldsymbol{n}_i\boldsymbol{n}_i^{\mathrm{T}})\right\} & \sum_{i=1}^{6}\left\{-\left[K_i\boldsymbol{n}_i\boldsymbol{n}_i^{\mathrm{T}}-\frac{f_i}{L_i}(\boldsymbol{E}-\boldsymbol{n}_i\boldsymbol{n}_i^{\mathrm{T}})\right]\widetilde{A}_i\right\}\\ \sum_{i=1}^{6}\left\{\widetilde{A}_i\left[K_i\boldsymbol{n}_i\boldsymbol{n}_i^{\mathrm{T}}-\frac{f_i}{L_i}(\boldsymbol{E}-\boldsymbol{n}_i\boldsymbol{n}_i^{\mathrm{T}})\right]\right\} & \sum_{i=1}^{6}\left\{\widetilde{A}_i\left[-\left[K_i\boldsymbol{n}_i\boldsymbol{n}_i^{\mathrm{T}}-\frac{f_i}{L_i}(\boldsymbol{E}-\boldsymbol{n}_i\boldsymbol{n}_i^{\mathrm{T}})\right]\widetilde{A}_i+\right.\right.\\ & \left.\left.(f_i\cdot Ra_i\boldsymbol{E}-Ra_i f_i^{\mathrm{T}})\right]\right\}\end{bmatrix}\begin{bmatrix}\Delta x\\ \Delta\boldsymbol{\theta}\end{bmatrix}$$

式中　$\boldsymbol{A}_i = \boldsymbol{R}\boldsymbol{a}_i$

则并联平台空间刚度矩阵表达式 $\boldsymbol{K}$ 为

$$\boldsymbol{K}=\begin{bmatrix} \sum_{i=1}^{6}\left\{K_i\boldsymbol{n}_i\boldsymbol{n}_i^{\mathrm{T}}-\frac{\|\boldsymbol{f}_i\|}{L_i}(\boldsymbol{E}-\boldsymbol{n}_i\boldsymbol{n}_i^{\mathrm{T}})\right\} & \sum_{i=1}^{6}\left\{-\left[K_i\boldsymbol{n}_i\boldsymbol{n}_i^{\mathrm{T}}-\frac{\|\boldsymbol{f}_i\|}{L_i}(\boldsymbol{E}-\boldsymbol{n}_i\boldsymbol{n}_i^{\mathrm{T}})\right]\widetilde{\boldsymbol{A}}_i\right\} \\ \sum_{i=1}^{6}\left\{\widetilde{\boldsymbol{A}}_i\left[\boldsymbol{K}_i\boldsymbol{n}_i\boldsymbol{n}_i^{\mathrm{T}}-\frac{\|\boldsymbol{f}_i\|}{L_i}(\boldsymbol{E}-\boldsymbol{n}_i\boldsymbol{n}_i^{\mathrm{T}})\right]\right\} & \sum_{i=1}^{6}\left\{\widetilde{\boldsymbol{A}}_i\left[-\left[K_i\boldsymbol{n}_i\boldsymbol{n}_i^{\mathrm{T}}-\frac{\|\boldsymbol{f}_i\|}{L_i}(\boldsymbol{E}-\boldsymbol{n}_i\boldsymbol{n}_i^{\mathrm{T}})\right]\widetilde{\boldsymbol{A}}_i+\right.\right. \\ & \left.\left.\left[(\boldsymbol{f}_i\cdot\boldsymbol{R}\boldsymbol{a}_i)\boldsymbol{E}-\boldsymbol{R}\boldsymbol{a}_i\boldsymbol{f}_i^{\mathrm{T}}\right)\right]\right\} \end{bmatrix}$$

4.2.5.2　广义固有频率

根据振动理论及并联平台特点，假设条件如下：电机质量和转动惯量等效至电动缸；虎克铰及铰接块质量等效至并联平台；由于阻尼不影响系统的固有频率，所以电动缸等效为无阻尼弹簧系统模型；由于动平台所受科氏力为速度平方项，在动平台速度较低的情况下，科氏力影响很小，可以忽略。目前计算并联平台固有频率时，较多文献忽略并联平台机构间存在的强耦合特性，利用广义质量矩阵与刚度矩阵的对角线来求固有频率，但这并不是严格的求法，应直接对矩阵广义特征值进行求解。依据力平衡原理，可得并联平台多自由度系统无阻尼自由振动微分方程为

$$\boldsymbol{M}_q\ddot{q}(t)+\boldsymbol{K}q(t)=0$$

写成求解广义矩阵特征值方程形式如下：

$$\boldsymbol{K}-\omega^2\boldsymbol{M}_qA=0$$

式中　$\boldsymbol{M}_q$ 为并联平台广义等效质量矩阵；$\boldsymbol{K}$ 为并联平台广义等效刚度矩阵；A 为并联平台固有振型；ω 为并联平台固有频率。

由于 A 不为零，即要求上式中系数矩阵行列式必为零，则

$$|\boldsymbol{K}-\omega^2\boldsymbol{M}_q|=0$$

上式即并联平台广义固有频率模型，可利用 Matlab 软件函数 eig[$\boldsymbol{K}$，$\boldsymbol{M}_q$]对该式进行求解，得到并联平台六个固有频率与固有振型。

4.2.6　奇异性

奇异性是机构固有属性，是一种不可回避的现象，其概念为：机构在运

动过程中出现运动学、动力学性能发生瞬时突变，或机构处于极限点、死点，或自由度发生改变等，导致机构传递运动和动力的能力失常，这种现象称为机构的奇异位形。奇异性分析是机构工作空间分析的进一步深化，也是机构运动学、动力学分析中需要重点考虑的内容，与机构的受力、精度、刚度以及控制等都有着密切联系，特别是对于并联机构。由于并联机构整体上采用的是闭环结构，其奇异性分析也比较复杂，因此并联机构奇异性分析是机构学近几年研究的热点之一。

目前，对并联机构的奇异位形分类方法较多，有：Gosselin 和 Angeles 分类法、Ma 和 Angeles 分类法、Park 分类法、Zlatanov 等分类法、黄真分类法等。其中，这些分类法大部分都是以 Gosselin 和 Angeles 分类法为基础进行拓展，主要的不同是研究方法与侧重点不同而已，但原理基本是一致的。本书继续沿用 Gosselin 和 Angeles 分类法。

设广义坐标 x 表示并联机构的输入，广义坐标 y 表示并联机构的输出，则有一般方程：

$$G(x,\ y) = 0$$

对上式求导有

$$\boldsymbol{A}\dot{x} + \boldsymbol{B}\dot{y} = 0$$

式中　矩阵 $\boldsymbol{A}$、$\boldsymbol{B}$ 分别是并联机构的雅可比矩阵。Gosselin 和 Angeles 依据 $\boldsymbol{A}$、$\boldsymbol{B}$ 的行列式是否为零，将奇异位形分为边界奇异、位形奇异、结构奇异三大类。

矩阵 $\boldsymbol{B}$ 的行列式为零，即非零输入 $\dot{x}$ 使得输出 $\dot{y}$ 为零，也就是说机构输出端固定，其输入端驱动关节仍有瞬时运动，这说明机构至少失去一个瞬时自由度，出现非确定性运动现象，这种现象出现在并联机构运动穿越了工作空间的边界，因此称为边界奇异。

矩阵 $\boldsymbol{A}$ 的行列式为零，即非零输出 $\dot{y}$ 使得输入 $\dot{x}$ 为零，也就是说输入端驱动关节锁定，其输出端仍有瞬时运动，这说明机构至少获得一个瞬时自由度，出现运动多解性现象，这种现象出现在工作空间内部某些位形上，因此称为位形奇异。

矩阵 $\boldsymbol{A}$、$\boldsymbol{B}$ 的行列式均为零，即输入 $\dot{x}$ 与输出 $\dot{y}$ 之间互不影响，对并联平台来说，动平台的六个铰点将聚集到一点上，此种情况与机构的构型有关，在设计机构时可以避免，因此称为结构奇异。

一般来说研究奇异的目的是避开奇异，使机构更能稳定、可靠地工作，获得更大的理论工作空间，因此在并联机构优化设计中，奇异性分析对工作空间的影响受到了关注。由于非奇异位姿空间决定了并联机构稳定工作的空间，因此本书主要对三种奇异类型中的位形奇异进行解析化分析，但该空间属于六维超空间，很难解析化处理分析，这里将采用降维的分析方法，将其简化到三维空间中，即分为位置奇异和姿态奇异两部分进行研究。

1. 位置奇异解析

位置奇异是指并联机构处于固定姿态下的位置奇异轨迹，即选位置参数 x、y、z 作为变量，而姿态参数 ϕ、θ、φ 作为已知量的轨迹方程，为导出位置奇异轨迹的解析化方程，由 4.2.1 节中力雅可比矩阵并结合上述分析位形奇异发生的条件，即并联机构雅可比矩阵行列式的值为零，则有

$$\mathrm{def}(\boldsymbol{J}_f) = 0$$

式中

$$\boldsymbol{J}_f = \begin{bmatrix} \dfrac{A_1 - B_1}{|A_1 - B_1|} & \dfrac{A_2 - B_2}{|A_2 - B_2|} & \cdots & \dfrac{A_6 - B_6}{|A_6 - B_6|} \\ \dfrac{B_1 \times A_1}{|A_1 - B_1|} & \dfrac{B_2 \times A_2}{|A_2 - B_2|} & \cdots & \dfrac{B_6 \times A_6}{|A_6 - B_6|} \end{bmatrix}$$

将上式展开整理并化简成 x、y、z 三变量的解析化表达式，得

$$G_1z^3 + G_2xz^2 + G_3yz^2 + G_4x^2z + G_5y^2z + G_6xyz + G_7z^2 + G_8x^2 + G_9y^2 + G_{10}xy + G_{11}xz + G_{12}yz + G_{13}z + G_{14}x + G_{15}y + G_{16} = 0$$

上式是一个关于 x、y、z 的三次多项式，其系数均是关于机构的结构参数及欧拉角（R_a，R_b，α，β，ϕ，θ，φ）的函数，该方程是并联平台处于固定姿态（ϕ，θ，φ）时，动平台在三维空间中的位置奇异解析化显式方程，完全可以描绘出三维空间内奇异轨迹曲面。

2. 姿态奇异解析

姿态奇异是指并联机构处于固定位置下的姿态奇异轨迹，即选姿态参数 ϕ、θ、φ 作为变量，而位置参数 x、y、z 作为已知量的轨迹方程，也就是说动平台的位置不变，让欧拉角 ϕ、θ、φ 变化，发生奇异时所有欧拉角的集合。从姿态奇异的概念可以看出，在空间的每一点位，并联平台都可能发生奇异，只是奇异的欧拉角转角不同而已。由于零姿态 $(\phi, \theta, \varphi) = (0, 0, 0)$ 处并联平台必不奇异，则在空间中每一点位并联平台都有一个包括零姿态点的非奇异子空间。为导出姿态奇异轨迹的解析化方程，需要引入三角函数关系恒等式：

$$\sin\phi = \frac{2q_1}{1 + q_1^2}; \quad \cos\phi = \frac{1 - q_1^2}{1 + q_1^2}$$

$$\sin\theta = \frac{2q_2}{1+q_2^2};\quad \cos\theta = \frac{1-q_2^2}{1+q_2^2}$$

$$\sin\varphi = \frac{2q_3}{1+q_3^2};\quad \cos\theta = \frac{1-q_3^2}{1+q_3^2}$$

式中 $q_1 = \tan(\phi/2)$；$q_2 = \tan(\theta/2)$；$q_3 = \tan(\varphi/2)$。将上述各三角函数恒等式代入上式并整理化简，即可获得一个关于 q_1、q_2、q_3 的多项式方程，得

$$G_1 q_1^4 q_2^5 q_3^4 + G_2 q_1^4 q_2^5 q_3^3 + G_3 q_1^4 q_2^4 q_3^4 + \cdots + G_{118} q_1 q_2 + G_{119} q_1 q_3 + G_{120} q_2 q_3 + G_{121} q_2 + G_{122} = 0$$

上式是一个关于 q_1、q_2、q_3 的十三次多项式方程，看似复杂，但它却是并联平台的第一个姿态奇异轨迹解析式方程。

综上所述，上式是关于并联平台位置参数（x，y，z）的三次多项式，它是并联平台处于固定姿态（ϕ，θ，φ）时位置奇异轨迹的解析化表达式；上式是关于并联平台的姿态参数（q_1，q_2，q_3）的十三次多项式，它是并联平台处于固定位置（x，y，z）时，姿态奇异轨迹的解析化表达式。然而，位姿奇异空间的补集即非奇异位姿空间，此空间能保证动平台在整个位姿工作空间内不会发生运动干涉和奇异位形现象，为并联平台结构参数的优化设计和使用提供了重要的理论依据。

4.3 六自由度并联平台优化模型建立

六自由度并联平台参数优化设计属于典型的多参数、多目标、多约束优化问题，所以在优化设计中，需根据并联平台要实现的功能选定相应的评价指标，在满足各种约束的前提下，求出一组相对优化的参数值。然而，实现工程优化的基础是优化数学模型的建立，包括设计变量、约束条件和目标函数三部分。通过上述并联平台性能指标的分析，并结合模拟器各种性能指标的要求，确定优化设计原则如下：

六自由度并联平台要求：首先应具有良好的运动与动力的传递性，不仅要避开奇异，还要远离奇异位形区域，而衡量这种性能的指标就是灵巧度，因此该性能应作为一项重要优化指标；其次，应具有良好的运动精度与承载能力，这就要求并联平台具有较高的刚度与固有频率，使运动系统在高速大负载情况下运动，产生较小的变形带来的误差，而且为了避免共振的发生及提供较宽的控制带宽裕度，就需要有较高的基频，因此并联平台刚度也是一项非常重要的优化指标；另外，由于本书采用的是电驱动大负载运动系统，

从成本与电机工作性能的角度，希望最大限度地减小输入功率的需求，而与功率紧密相关的就是驱动力的大小，因此电动缸驱动力的大小也是不容忽视的一项优化指标。通过4.2节各性能指标的分析，并结合上述优化设计原则，建立六自由度并联平台多目标优化模型。其余各限制因素可以作为优化设计的约束条件与判断条件。

4.3.1 设计变量

由2.3节的结构参数定义可知，本书把六自由度并联平台的5个结构参数选为优化设计的变量，写成矢量的形式为

$$\boldsymbol{X}=(x_1, x_2, x_3, x_4, x_5)=(R_a, R_b, \alpha, \beta, h)$$

式中 R_a 为上铰点分布圆半径（mm）；R_b 为下铰点分布圆半径（mm）；α 为上平台短边所对中心角（°）；β 为下平台短边所对中心角（°）；h 为初始零高度（mm）。

4.3.2 约束条件

影响六自由度并联平台结构优化设计的约束主要有：

1. 结构参数约束

依据附录中运动系统各性能指标的要求，结合并联平台各部件制造与安装的可实现性，5个结构参数约束如下：

$$\boldsymbol{X}_{\min} \leqslant \boldsymbol{X}_i \leqslant \boldsymbol{X}_{\max} \quad (i=1, 2, 3, 4, 5)$$

式中 $\boldsymbol{X}_{\min}=[1000 \quad 1000 \quad \pi/90 \quad \pi/90 \quad 1000]$

$\boldsymbol{X}_{\max}=[5000 \quad 5000 \quad \pi/3 \quad \pi/3 \quad 3000]$

2. 电动缸长度约束

由4.2.3节可知，电动缸长度约束为

$$L_{\min} \leqslant L_i \leqslant L_{\max}$$

式中 $L_{\min}$为电动缸最小长度；$L_{\max}$为电动缸最大长度。

其中，电动缸长度的最小、最大值，通过模拟器运动系统给定的位移、速度、加速度的指标值，再选定并联平台的结构参数的最大、最小范围值，就可以粗略地求出。

从机械设计与安装的角度分析，电动缸长度较小时会明显降低其设计与制造的难度，增强系统的刚度与稳定性，并极大地降低成本，所以在满足运动系统需求的前提下，应尽可能地减小电动缸的长度。

3. 上下铰点虎克铰转角约束

由4.2.3节可知，上下铰点虎克铰转角范围为

$$\theta_{Ai} \leqslant \theta_{Ai\max}$$

$$\theta_{Bi} \leqslant \theta_{Bi\max}$$

一般对虎克铰而言，其最大摆角不超过90°。

4.3.3 目标函数

综合考虑4.2节分析的各性能指标，依据六自由度并联平台优化设计的原则，确定优化设计目标函数如下：

1. 灵巧度

根据4.2节灵巧度分析，由式 $C(\boldsymbol{J})=\sigma_M/\sigma_m$ 得灵巧度函数表达式为

$$C(\boldsymbol{J})=\sqrt{\sigma_{\max}(\boldsymbol{J}^{\mathrm{T}}\boldsymbol{J})/\sigma_{\min}(\boldsymbol{J}^{\mathrm{T}}\boldsymbol{J})}$$

式中 $\sigma_{\max}$ 为矩阵的最大特征值；$\sigma_{\min}$ 为矩阵的最小特征值。

通过分析可知，灵巧度值越小精度越高，其运动与动力的传递性越好，所以采用平均灵巧度函数的方法来衡量，函数如下：

$$C'(\boldsymbol{X})=\frac{1}{m}\sum_{i=1}^{m}C_i(\boldsymbol{J})$$

式中 m 为工作空间内采样点的个数；$C_i(\boldsymbol{J})$ 为设计变量 $\boldsymbol{X}$ 所对应的并联平台在第 i 个位姿点的灵巧度函数值。

2. 刚度

由4.2节刚度与固有频率分析可知，刚度的大小直接影响系统频率特性是否满足要求，一般设计出的飞行模拟器固有频率应大于要求频宽的2倍以上，所以希望设计出的并联平台刚度尽可能大些。由上式可知，并联平台空间刚度矩阵求解表达式 $K(\boldsymbol{X})$ 为

$$K(\boldsymbol{X})=\begin{bmatrix}\sum\limits_{i=1}^{6}\left\{K_i\boldsymbol{n}_i\boldsymbol{n}_i^{\mathrm{T}}-\dfrac{\|\boldsymbol{f}_i\|}{L_i}(E-\boldsymbol{n}_i\boldsymbol{n}_i^{\mathrm{T}})\right\} & \sum\limits_{i=1}^{6}\left\{-\left[K_i\boldsymbol{n}_i\boldsymbol{n}_i^{\mathrm{T}}-\dfrac{\|\boldsymbol{f}_i\|}{L_i}(E-\boldsymbol{n}_i\boldsymbol{n}_i^{\mathrm{T}})\right]\widetilde{A}_i\right\} \\ \sum\limits_{i=1}^{6}\left\{\widetilde{A}_i\left[K_i\boldsymbol{n}_i\boldsymbol{n}_i^{\mathrm{T}}-\dfrac{\|\boldsymbol{f}_i\|}{L_i}(E-\boldsymbol{n}_i\boldsymbol{n}_i^{\mathrm{T}})\right]\right\} & \sum\limits_{i=1}^{6}\left\{\widetilde{A}_i\left[-\left[K_i\boldsymbol{n}_i\boldsymbol{n}_i^{\mathrm{T}}-\dfrac{\|\boldsymbol{f}_i\|}{L_i}(E-\boldsymbol{n}_i\boldsymbol{n}_i^{\mathrm{T}})\right]\widetilde{A}_i+\right.\right. \\ & \left.\left.\left[(\boldsymbol{f}_i\cdot\boldsymbol{Ra}_i)E-\boldsymbol{Ra}_i\boldsymbol{f}_i^{\mathrm{T}}\right]\right]\right\}\end{bmatrix}$$

则刚度优化的目标函数即刚度矩阵中元素最大值的倒数：

$$K'(\boldsymbol{X})=\frac{1}{\max(K(\boldsymbol{X}))}$$

3. 驱动力

六自由度并联平台运动系统动力来源于电机驱动力。由于电机技术与性能的限制，对大负载并联平台来说，希望最大限度地减小电机驱动力的输出。如果电动缸受力较小，那么电机的径向尺寸就能较小，同时上下虎克铰连接装置的尺寸及基础尺寸也都能较小，而并联平台运动也更加灵活。由于功率是速度与受力的乘积，驱动力的减小又直接导致所需功率下降，这样使飞行模拟器的制造成本和使用成本大大降低，动态特性也有所提高。由式 $\boldsymbol{J}^{\mathrm{T}} f_s = M_p(\boldsymbol{q})\ddot{\boldsymbol{q}} + C_p(\boldsymbol{q},\ \dot{\boldsymbol{q}})\dot{\boldsymbol{q}} + G_p(\boldsymbol{q})$ 可知，驱动力的求解表达式为

$$f_s(\boldsymbol{X}) = \boldsymbol{J}^{-\mathrm{T}} M_p(\boldsymbol{q})\ddot{\boldsymbol{q}} + \boldsymbol{J}^{-\mathrm{T}} C_p(\boldsymbol{q},\ \dot{\boldsymbol{q}})\dot{\boldsymbol{q}} + \boldsymbol{J}^{-\mathrm{T}} G_p(\boldsymbol{q})$$

则驱动力优化目标函数即力矢量矩阵中的元素最大值：

$$f_s(\boldsymbol{X}) = \max(f_s(\boldsymbol{X}))$$

4. 电动缸伺服带宽

我国飞行模拟器六自由度运动系统相关标准规定运动系统的最低固有频率应大于 5.0Hz。通过 4.2 节电动缸伺服带宽的计算，并结合并联平台固有频率测试实验，其最小值都在规定值的 2 倍以上，该频率值已经有相当大的裕量，也达到了并联平台控制系统频宽的要求。因此，电动缸闭环控制系统伺服带宽不会对并联平台的机电综合伺服带宽产生约束作用，在结构参数优化求解过程中可以免除考虑此约束的限制，不列为目标函数之一。

从上面分析可以看出，该问题属于典型的多参数、多目标、多约束优化问题，通常采用线性加权和法将其转化为单目标优化问题。由于矩阵条件数、结构刚度和驱动力具有不同的量纲，优化时首先要进行正规化处理，正规化后的三个目标函数为

$$\begin{cases} f_1(\boldsymbol{X}) = \dfrac{c'(\boldsymbol{X}) - 1}{c'(\boldsymbol{X})} \\ f_2(\boldsymbol{X}) = \dfrac{K'(\boldsymbol{X})}{K'(\boldsymbol{X}) + 1} \\ f_3(\boldsymbol{X}) = \dfrac{f'_s(\boldsymbol{X})}{f_s(\boldsymbol{X}) + 1} \end{cases}$$

由上式可知，当 $C'(\boldsymbol{X}) \to 1$ 时，$f_1(\boldsymbol{X}) \to 0$；当 $C'(\boldsymbol{X}) \to \infty$ 时，$f_1(\boldsymbol{X}) \to 1$。当 $K(\boldsymbol{X}) \to 0$ 时，$f_2(\boldsymbol{X}) \to 0$；当 $K(\boldsymbol{X}) \to \infty$ 时，$f_2(\boldsymbol{X}) \to 1$。同理，$f_3(\boldsymbol{X})$ 也是如此。因此，三目标函数都正规化为区间（0，1）上的连续函数。

经过性能指标的分析，设计变量、约束条件和目标函数的建立与处理，六自由度并联平台最终优化设计的数学模型如下：

$$
\begin{aligned}
\text{Find}\quad & \boldsymbol{X}=[x_1,\ x_2,\ x_3,\ x_4,\ x_5]^{\mathrm{T}}\\
\min\quad & f(\boldsymbol{X})=w_1 f_1(\boldsymbol{X})+w_2 f_2(\boldsymbol{X})+w_3 f_3(\boldsymbol{X})\\
\text{s t}\quad & X_{\min}\leqslant X_i\leqslant X_{\max}\\
& g_1(\boldsymbol{X})=Li_{\min}\\
& g_2(\boldsymbol{X})=l_i-L_{\max}\\
& g_3(\boldsymbol{X})=\theta_{Ai}-\theta_{Ai\max}\\
& g_4(\boldsymbol{X})=\theta_{Bi}-\theta_{Bi\max}
\end{aligned}
$$

式中　w_1，w_2，w_3 分别是三个目标函数的权重系数，满足 $w_1+w_2+w_3=1$，且 $0<w_1$，w_2，$w_3<1$。依据性能指标分析与工程实际中主次需求，其权重系数值分别为：$w_1=0.35$；$w_2=0.35$；$w_3=0.3$。

4.4　改进实值自适应遗传算法

六自由度并联平台结构参数优化的目标函数选为：矩阵条件数、结构刚度和驱动力。其中不仅包含了运动学项，还有动力学部分。由于并联机构分析的复杂性，特别是逆动力学分析更加复杂，驱动力的导数项很难求得，采用传统方法如梯度法等求解，很难保证收敛到全局最优解，因此需要找到一些搜索到全局最优解的方法。其中遗传算法（Genetic Algorithm，GA）就是比较好的一种求解方法。

1975 年，John H. Holland 教授出版了关于遗传算法的经典之作 *Adaptation in Natural and Artificial Systems*，标志着遗传算法的诞生。遗传算法是以自然选择和遗传理论为基础，将生物进化过程中适者生存规则与群体内部染色体的随机信息交换机制相结合，是一种实用、高效、鲁棒性强的优化技术，提供了一种求解非线性、多模型、多目标、多变量等复杂系统优化问题的通用框架，已广泛应用于函数优化、组合优化、机器人学等领域。实现遗传算法的六个主要因素为：参数编码、设定初始群体、设计适应度函数、遗传操作、设定算法控制参数和处理约束条件。

4.4.1　实值编码与搜索空间的确定

应用遗传算法首要解决的问题是编码，也是遗传算法设计的关键步骤。在遗传算法求解过程中，编码的好坏将直接影响选择、交叉、变异等遗传算子运算。目前，编码方法主要有：二进制编码、符号编码和实值编码。为了克服前两种编码的缺点，采用实值编码。该编码个体的每个基因值都用 0~9 范围内的一个实数来表示，个体的编码长度等于其决策变量的个数。其优点

是：能表示范围较大的数；精度较高；搜索空间大；运算效率高；可处理复杂的决策变量约束条件等。其设计变量为

$$\boldsymbol{X}=(x_1, x_2, x_3, x_4, x_5)=(R_a, R_b, \alpha, \beta, h)$$

式中 $(R_a, R_b, \alpha, \beta, h)_{\min}=[1000\quad 1000\quad \pi/90\quad \pi/90\quad 1000]$

$(R_a, R_b, \alpha, \beta, h)_{\max}=[5000\quad 5000\quad \pi/3\quad \pi/3\quad 3000]$

实值编码见表4-1。

表4-1 实值编码表

x_1				x_2				x_3		x_4		x_5			
s_1	s_2	s_3	s_4	s_5	s_6	s_7	s_8	s_9	s_{10}	s_{11}	s_{12}	s_{13}	s_{14}	s_{15}	s_{16}

4.4.2 遗传算子的确定

遗传算子主要包括选择算子、交叉算子和变异算子。

1. 选择运算

本书采用轮盘赌最佳保留策略。首先，对遗传算法的选择操作按轮盘赌选择方法进行；然后，在当前群体中完整地把适应度最高的个体结构复制到下一代群体中，直到新生成的子代个体总数达到种群规模 n，记所得到的种群为 $P(t)$。其主要优点是能保证遗传算法终止时得到的最后结果是历代出现过的最高适应度的个体。

2. 交叉运算

遗传算法区别于其他进化运算的重要特征就是交叉运算，该算法是产生新个体的主要方法。本书算术交叉的操作对象为实值编码，其主要思想为：按照交叉概率 P_c 从父代 $P(t)$ 中提取出两个个体 X_1 和 X_2，并按如下方式组合而产生两个新的个体，则交叉运算后所产生的新个体 X_1' 和 X_2' 为

$$\begin{cases}X_1'=aX_2+(1-a)X_1\\X_2'=aX_1+(1-a)X_2\end{cases}$$

式中 a 是一个常数，$a\in(0, 1)$，因此也称此运算为均匀算术交叉。

算术交叉的主要操作过程为：首先，确定两个个体进行线性组合时的系数 a；其次，根据上式生成两个新个体。

3. 变异运算

该运算是新个体产生的辅助方法，与交叉算子配合共同完成对搜索空间的全局搜索和局部搜索，其主要目的是：提高遗传算法的局部搜索能力；维持群体的多样性，防止出现早熟现象。

本书采用实值编码，因此取值范围为连续的实数区间 $[X_{\min}, X_{\max}]$，这样变异运算就是用 $[X_{\min}, X_{\max}]$ 区间上的随机数来替换原有数，其主要思想为：按照变异概率 P_m 从父代 $p(t)$ 中提取出一个个体 $\boldsymbol{X}$，等概率生成二值随机数 $\delta(\delta \in \{0, 1\})$，变异运算如下：

$$X_i' = \begin{cases} X_i + \Delta(t, X_{\max,i} - X_i) & \delta = 0 \\ X_i - \Delta(t, X_i - X_{\min,i}) & \delta = 1 \\ \Delta(t, y) = y\delta(1 - t/N)^b \end{cases}$$

式中　t 为当前迭代次数；N 为最大迭代次数；b 为预先设定的变异算子。

4.4.3　约束条件的处理

在遗传算法实际应用中，需将约束优化问题处理成无约束优化问题，但目前还没有既通用又易实现的处理各种约束条件的一般方法，只能根据具体问题进行选择，其中通常有如下三种：搜索空间限定法、可行解变换法和罚函数法。本书采用工程中处理非线性约束优化问题最常用的一种方法，即罚函数法，其主要思想是：在目标函数中增加惩罚量，对违背约束的情况给予惩罚，并将该惩罚设计到适应度函数中，这样就将约束优化问题转换为带有惩罚的无约束优化问题。

利用罚函数法可以将约束优化问题转化为无约束优化问题方法如下：

$$\min\varphi(\boldsymbol{X}, c) = f(\boldsymbol{X}) + cP(\boldsymbol{X})$$

式中　$\varphi(\boldsymbol{X}, c)$ 为罚函数；$P(\boldsymbol{X})$ 为惩罚项；c 为惩罚因子。

惩罚项 $P(X)$ 构造如下：

$$P(\boldsymbol{X}) = b_1 \sum_{j=1}^{m} |h_j(\boldsymbol{X})|^2 + b_2 \sum_{i=1}^{n} \{\min[0, g_i(\boldsymbol{X})]\}^2$$

式中　b_1 为等式约束的不均衡加权系数；b_2 为不等式约束的不均衡加权系数。

$$\min[0, g_i(\boldsymbol{X})] = \frac{g_i(\boldsymbol{X}) + |g_i(\boldsymbol{X})|}{2} \begin{cases} g_i(\boldsymbol{X}) & g_i(\boldsymbol{X}) > 0 \\ 0 & g_i(\boldsymbol{X}) \leqslant 0 \end{cases}$$

依据并联平台约束优化模型，并结合上述分析，由于缺少等式约束项，则约束条件处理如下：

$$P(\boldsymbol{X}) = \sum_{i=1}^{4} = \frac{g_i(\boldsymbol{X}) + |g_i(\boldsymbol{X})|}{2}$$

4.4.4　适应度函数的确定

适应度函数作为选择算子操作判断的依据，其设计的好坏将直接影响遗传算法的性能，所以应针对具体问题正确、合理地确定适应度函数。适应度函数设计需要满足：单值、连续、非负、最大化；合理、一致性；计算量小；通用性强。而给定的优化目标函数值往往有正有负，且大部分为求解最小值问题，这样就需要将最小值优化中的目标函数转为最大值优化中非负的目标函数适应值。转化方法有直接法和界限构造法，前者就是在给目标函数前乘以-1，这种构造简单直观，但存在不利于体现种群的平均性能等问题，因此大多采用界限构造法。

若为最小值优化，则适应度函数与目标函数映射关系为

$$F(\boldsymbol{X})=\begin{cases}d_0-f(\boldsymbol{X}) & f(\boldsymbol{X})<d_0\\ 0 & \text{其他}\end{cases}$$

式中　d_0 为引入理论上的最大值。

若为最大值优化，则适应度函数与目标函数映射关系为

$$F(\boldsymbol{X})=\begin{cases}f(\boldsymbol{X})-d_0 & f(\boldsymbol{X})>d_0\\ 0 & \text{其他}\end{cases}$$

但该方法估计界限值很困难，可通过适应度函数的标定来实现，这样就可有效避免未成熟收敛现象等欺骗问题的发生。

利用上文介绍的界限构造法，依据优化模型，并结合上节惩罚函数法处理约束的问题，则本书的适应度函数构造如下：

$$F(\boldsymbol{X})=d_0-\left[d_1 f(\boldsymbol{X})+c\sum_{i=1}^{4}\frac{g_i(\boldsymbol{X})+|g_i(\boldsymbol{X})|}{2}\right]$$

式中　d_1 为避免发生局部最优解而引入的常量。

4.4.5　改进自适应遗传算法

遗传算法性能的改进，除了解决优化时早熟及收敛速度缓慢等问题，还要提高搜索全局最优解的概率，所以应综合考虑算法各环节。在利用遗传算法进行优化时，交叉运算是产生新个体的主要方法，它主要对现有的个体进行重组来发现与环境更为适应的个体；变异运算是产生新个体的辅助方法，它给群体带来新的遗传基因用来恢复选择算子作用而减少的个体多样性。因此，交叉概率 P_c 和变异概率 P_m 是遗传算法性能的重要算子，但不同的优化问题需凭借经验反复进行试验才能最终确定 P_c、P_m 值，这使得算法缺乏通用性且工作量较大，也很难找到最佳值；另外，在优化的整个进程中，交叉概率与变异概率为固定值，则进化到后期种群的多样性将缺失，算法的收敛性将直接受到影响，算法搜索不到全局最优解。因此，本书在编码方面采用了

实值编码代替传统的二进制，对选择算子采用了轮盘赌最佳保留策略，而针对交叉算子与变异算子提出一种改进型自适应参数调整算法，动态地调整交叉概率和变异概率值，这样既保证了群体的多样性，又保证了算法的收敛性。P_c、P_m 按如下公式进行自适应调整：

$$P_c = \frac{1 + e^{-s}}{2} P'_C$$

$$P_m = \frac{1 + e^{-s}}{2} P'_m$$

$$s = \sqrt{\frac{1}{m} \sum_{i=1}^{m} [F(X(i)) - \overline{F}]^2}$$

式中　m 为每个染色体中基因的个数；P'_c 为交叉概率初始值，一般为 0.25~0.85；P'_m 为变异概率初始值，一般为 0.25~0.85；$\overline{F}$ 为第 i 代种群中所有染色体的平均适应度值。

4.4.6　多目标优化问题求解

综合上述分析，结合飞行模拟器设计要求，确定约束条件和改进自适应遗传算法各参数，见表 4-2。交叉概率 P_c 与变异概率 P_m 依据 4.4.5 节进行自适应计算。

表 4-2　优化数学模型参数值

虎克铰转角极大值	权值 w_1	权值 w_2	权值 w_3
60°	0.35	0.35	0.3
总进化代数 N	种群规模 n	交叉运算常数 a	变异运算常数 b
200	100	0.3	5.0
交叉概率初值 P'_c	变异概率初值 P'_m	常量 d_0	常量 d_1
0.5	0.3	1000	100

则依据表 4-1 所确定的参数值，利用 MATLAB 进行改进自适应遗传算法的计算，进化求解如图 4-8、图 4-9 所示，对应所求优化结果为

$$\begin{aligned} \boldsymbol{X} &= (x_1, x_2, x_3, x_4, x_5) = (R_a, R_b, \alpha, \beta, h) \\ &= (2228.36, 3240.65, 7.73, 5.32, 2078.27) \end{aligned}$$

则根据实际工程中设计情况，对上述优化结果进行取舍，有

$$(R_a, R_b, \alpha, \beta, h) = (2228\text{mm}, 3240\text{mm}, 7.7°, 5.3°, 2078\text{mm})$$

从计算结果可以看出，采用改进自适应遗传算法能够较好地求出各变量

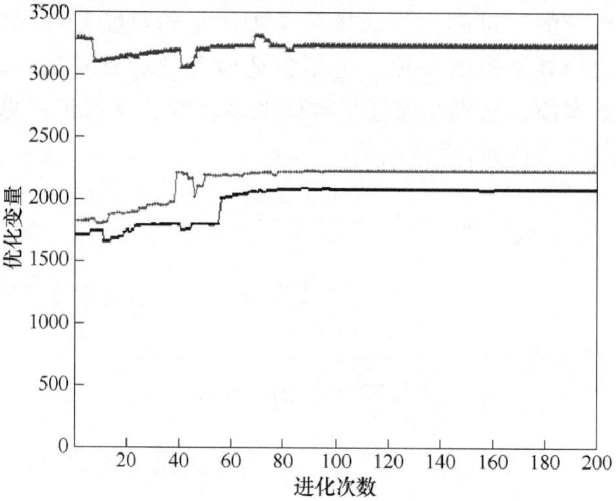

图 4-8　变量 x_1、x_2、x_5 优化曲线

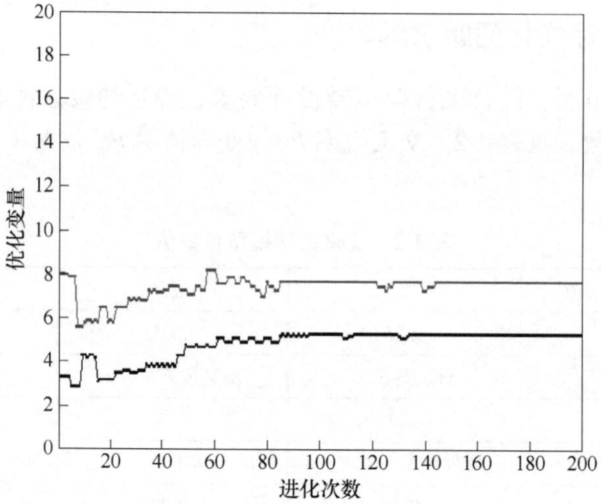

图 4-9　变量 x_3、x_4 优化曲线

的优化值，具有较好的优化性能。该方法具有较强的全局搜索能力，但需要指出每组选取权值不同，对应的最优解也不同，这也正说明权值反映了并联平台所关心的各性能指标的重要程度，因此针对不同用途的并联机构，其权值的选取有所偏重。从优化曲线还可以看出，在改进遗传算法的起始阶段，种群中染色体具有多样性，进化到大约 130 代以后，进化过程趋于稳定且收敛到某一固定值，即得到了全局的最优解。

4.5 六自由度并联平台优化结果与验证

本节以并联平台优化设计的结果为基础，通过利用 ADAMS 软件，在整个工作空间范围内进行全量程运动分析；在并联平台运动到极限位置时，进行各部件的干涉性与奇异性检查验证，证明了优化结果的正确性。

4.5.1 工作空间验证

在 4.2 节中，对工作空间的影响因素进行了分析，并从数值分析法的角度对工作空间大小进行了分析。为了验证上述优化所得结构参数的并联平台在指标给定工作空间内运动的合理性与正确性，本书的验证思路是：首先，采用 CATIA 进行机械三维建模；其次，利用 ADAMS 建立功能虚拟样机模型；最后，通过对并联平台每个自由度单独进行满量程运动测试，直到完成六个自由度的运动，测量 6 个电动缸的运动曲线，通过在电动缸上所加的位置传感器来判断是否产生超行程运动，如果都在行程范围内，则说明优化设计的结构参数能够满足工作空间的要求。

利用优化后的结构参数建立功能虚拟样机模型，依据某型模拟器设计指标，对并联平台的动平台施加驱动函数（具体参见 2.5 节），绘制曲线如图 4-10 所示。

由图 4-10 可以看出，纵向运动时电动缸最大行程出现在 5 号缸，数值为 1612. 30mm；侧向运动时电动缸最大行程出现在 4 号缸，数值为 1445. 87mm；升降运动时电动缸最大行程出现在 1~6 号缸，数值为 1516. 30mm；横滚运动时电动缸最大行程出现在 6 号缸，数值为 1480. 73mm；俯仰运动时电动缸最大行程出现在 3 号缸，数值为 1593. 20mm；偏航运动时电动缸最大行程出现在 1~6 号缸，数值为 1466. 45mm。综合上述分析，在最大工作空间内，按照给定指标进行整个空间范围内运动，电动缸最大行程出现在纵向工况，数值为 1612. 30mm，满足飞行模拟器设计要求的 1630mm 行程范围，证明了并联平台优化设计的结构参数值在给定工作空间内运动的合理性，且结果与第 2 章理论分析情况相同。

4.5.2 干涉性与奇异性验证

并联平台因其高刚度、高负载能力等特点，被广泛应用于飞行模拟器中。由 4.2 节对平台的奇异性理论分析可知，并联平台的奇异性具有很大的复杂性和很强的破坏性，因此有必要对优化设计好的并联平台进行奇异性验证。

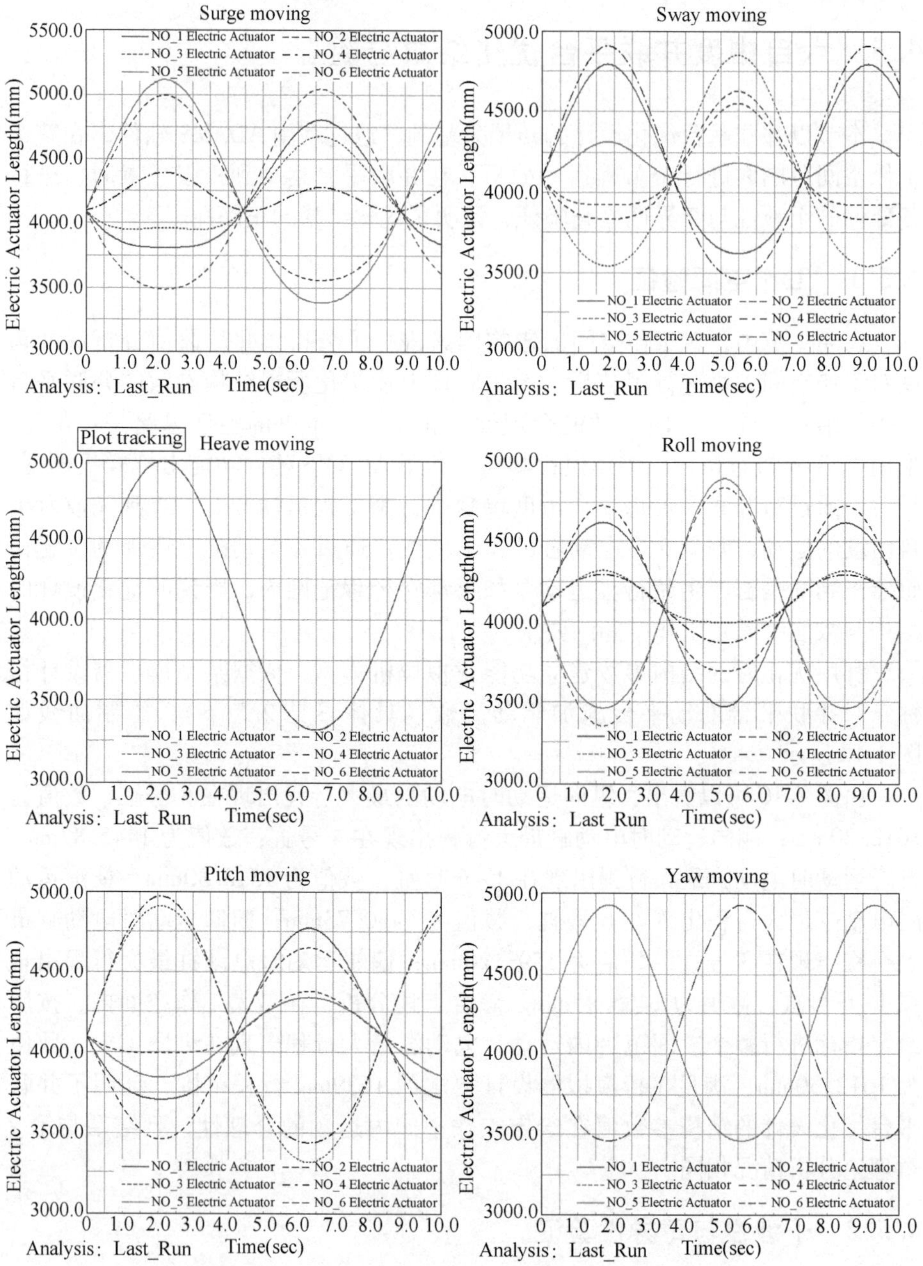

图 4-10　六自由度单独运动时六个电动缸行程曲线

由相关文献可知，本书所设计的并联平台主要涉及位形奇异的问题，所以本节将采用虚拟样机的方式对所优化的六自由度并联平台进行奇异性验证，确保平台在工作空间内运动过程中不发生奇异性问题。并联平台是否发生位形奇异的仿真验证思路是：先按照优化后的结构参数建立功能虚拟样机模型，然后依据电动缸的极限伸缩量使并联平台运动到各组极限位置，运动期间观察是否出现不确定性运动或不稳定现象，来判断平台是否发生奇异，当到达各组极限位置时，观察各部件之间是否发生干涉与碰撞现象，至此完成并联平台干涉性、奇异性检查与验证。具体仿真验证思路为：根据六自由度并联平台的结构特点，利用优化后的结构参数建立功能虚拟样机模型，对并联平台进行极限位置组合分析，则电动缸最短或最长的极限情况组合共有 64 种，但由于并联平台结构的半对称性，实际极限位置组合方式只有 16 种。并联平台虚拟样机模型中电动缸编号如图 4-11 所示。

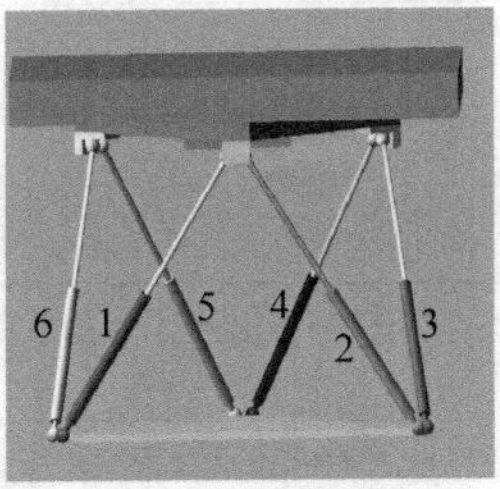

图 4-11　电动缸编号示意图

电动缸极限伸缩量的具体组合方式及平台运动的最终三维形态见表 4-3。其中，底位工作状态即六根电动缸同时最短，也就是并联平台的初始安装构型，上、下平台平行，平台中心与下底面投影重合。

表 4-3　六自由度并联平台 16 种三维极限形态

序号	最短（最长）	三维极限形态	序号	最短（最长）	三维极限形态
1	123456		5	2345 (16)	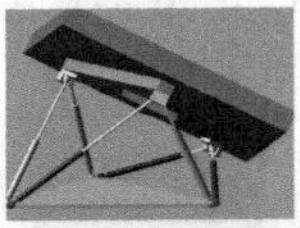
2	23456 (1)	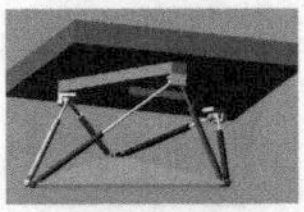	6	1235 (46)	
3	3456 (12)	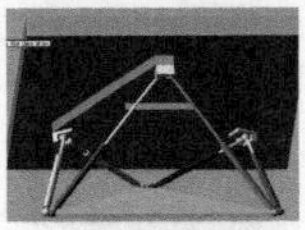	7	146 (235)	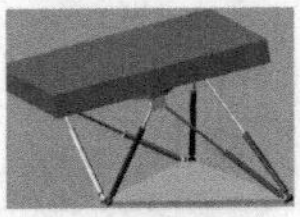
4	2356 (14)	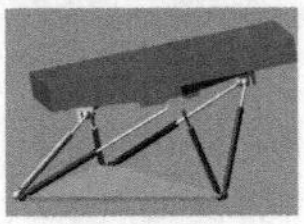	8	135 (246)	

（续）

序号	最短（最长）	三维极限形态	序号	最短（最长）	三维极限形态
9	125 （346）		13	15 （2346）	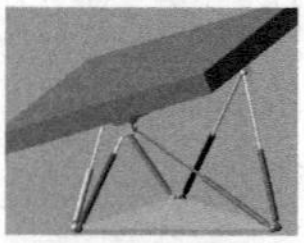
10	126 （345）	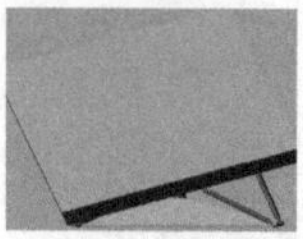	14	16 （2345）	
11	12 （3456）		15	1 （23456）	
12	14 （2356）	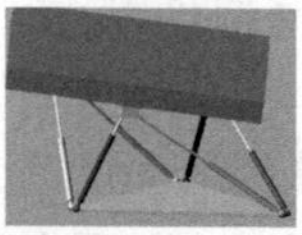	16	（123456）	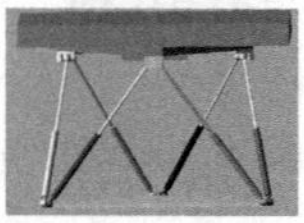

按照并联平台不发生干涉性与奇异性的检查方法进行验证，该平台在极限工作行程内没有出现奇异位姿，且在极限位置上也没有发生部件干涉性现象，这说明六自由度并联平台优化设计的结构数据是合理的，能够满足工作空间内正常工作的要求。

第 5 章

六自由度并联平台控制技术

5.1 引言

六自由度并联平台属于典型的非线性、多变量、强耦合、变负载系统，在结构型综合与结构参数优化设计完成的基础上，需要选择合理的控制策略进行控制，才能实现飞机模拟器各性能指标的要求，因此并联平台控制策略也是重要的研究内容之一。目前，工程实际中并联平台主要还是采用传统的PID（Proportional-Integral-Derivative）控制策略。该策略虽具有简单可靠等优点，但把并联平台各分支当作完全独立的系统进行控制，忽略了电动缸之间存在的严重交联耦合作用，同时又有各种不确定性与时变性因素的影响，因此已不能很好地满足飞机模拟器各运动设计指标的要求，这就需要研究设计出对系统参数摄动具有强鲁棒性、对轨迹跟踪具有高精度及对各种交联耦合具有强抑制力等性能更先进的控制系统，这也正是并联平台控制发展的主要方向。

本章首先分析了并联平台最基本的三种控制策略，即基于铰点空间精确运动学模型的传统PID控制、前馈补偿PD控制、基于任务空间动力学模型的计算力矩控制，并着重分析了铰点空间前馈补偿PD控制，该控制策略正是目前实物样机所应用的方法，获得了比较满意的效果；其次针对基于铰点空间运动学模型小闭环大开环且忽略耦合关系的控制缺点，在计算力矩控制分析的基础上，针对并联平台分别研究了非线性控制技术中的任务空间迭代学习控制与滑模变结构控制策略，给出了各自控制器的具体设计与收敛性证明；最后根据这两种非线性控制策略的特点，提出了迭代学习控制和滑模变结构控制相结合的集成复合控制策略，充分发挥两者各自的优势，并通过仿真实验进一步证明了该控制策略在鲁棒性和轨迹跟踪精度等性能上得到了极大的提高。

5.2 六自由度并联平台基本控制策略

并联平台基本控制策略按控制对象的不同，可分为基于运动学模型和基于动力学模型两种。基于运动学模型设计的控制器主要考虑并联平台运动学方面的电动缸动态模型，不涉及铰点空间或工作空间的力学问题，由于不考虑各个铰点间耦合问题，把多链闭环的并联平台假设为多链开环的单输入输出系统，仅通过电机编码器实时反馈各个电动缸的伸缩量，属于小闭环控制，因此该控制器结构简单，且具有运算量小、实时性好等特点，但由于忽略了铰点间的耦合关系和动力学特性，其动态性能有限，基本的控制方法有：PID控制、前馈补偿PD控制、非线性PID控制等；而基于动力学模型设计的控制器是把铰点空间或工作空间的动力学模型作为控制对象，充分分析了并联平台的动态特性，所以该控制器的设计在理论上比基于运动学设计的控制器具有更好的控制效果，特别是在并联平台高速运动中效果更为明显，但往往烦琐的逆动力学模型很难精确求解，这就需要更复杂的控制方法进行补偿或校正，同时由于需要实时反馈动平台位姿，因此该控制属于完整的闭环控制，基本的控制方法有计算力矩控制、非线性PD控制、滑模变结构控制等。

5.2.1 铰点空间控制

并联平台铰点空间的运动学模型属于精确模型，反解计算简单，其动平台是通过六个电动缸不同长度组合而实现运动的，仅从运动学的角度各个电动缸间不存在耦合现象，因此可以采用分散控制的方法对并联平台各电动缸分别进行控制。目前，工程中应用最广泛的仍是传统的PID控制策略，具有算法简单、鲁棒性好、可靠性高等特点。应用该方法对并联平台进行基于铰点空间运动学模型的PID控制器设计，即分别控制六个电动缸按照各自的指令完成单独的伸缩运动，来实现并联平台的各种位姿。铰点空间PID控制系统结构流程图如图5-1所示。

由图5-1可以看出，每个电动缸都有独立的控制器，通过改善每个控制器的性能，以提高并联平台的运动响应特性，最终在动平台上产生作用。从图中还发现，每个控制器仅需要各自电动缸的位移反馈，没能实现动平台位姿反馈，因此该控制方法还是一个局部闭环而整体开环的控制系统，实际的输出位姿误差未能得到修正。这种独立PID小闭环大开环的控制方法不仅忽略了系统的非线性和各电动缸的耦合特性，其控制精度和速度的提高也受到限制。但铰点空间PID控制因具有设计简洁、工作可靠等优点，目前在并联平

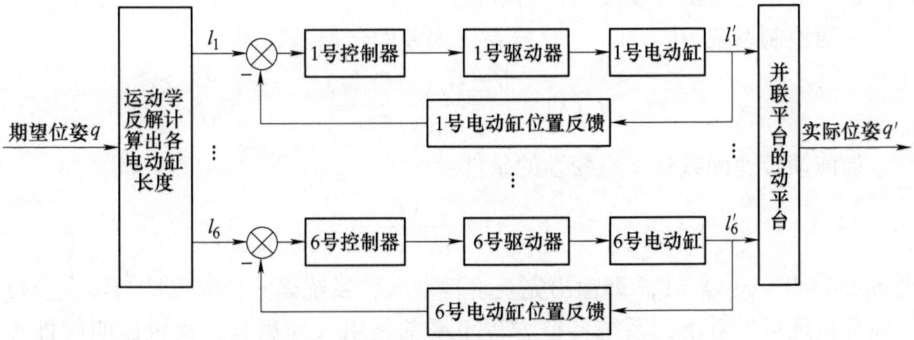

图 5-1 铰点空间 PID 控制系统结构流程图

台控制中应用还是最为广泛的。要想提高并联平台精度与速度响应性能，除了从机械的角度改善电机的性能和各部件加工与安装的精度外，必须想办法改善 PID 控制器的响应特性。

5.2.2 铰点空间改进控制

铰点空间 PID 控制虽然具有较简单的结构，但这种单纯反馈式控制会出现明显的跟踪延迟，总是落后于干扰作用，导致反馈控制无法将干扰克服在被控量偏离设定值之前，极大地限制了控制质量的提高。为了进一步改善系统的跟踪特性和响应速度，拓宽系统的频带，实现电动缸动作的快速响应与高速定位，可采用前馈控制方法。该方法可以直接将指令处理之后向前传递，具有一定程度的预见性。前馈控制原理图如图 5-2 所示。

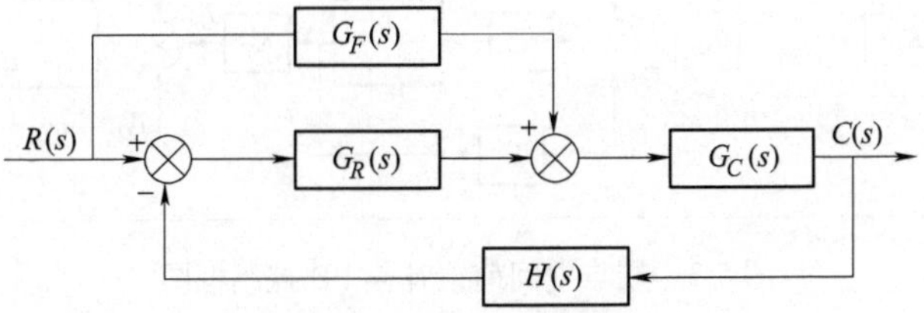

图 5-2 前馈控制原理图

该系统的传递函数为

$$\phi(s) = \frac{[G_R(s) + G_F(s)]G_C(s)}{1 + G_R(s)G_C(s)H(s)}$$

式中 $G_F(s)$、$G_R(s)$、$G_C(s)$、$H(s)$ 分别表示前馈传递函数、控制器传递函数、被控对象传递函数及反馈传递函数。

一般控制系统 $H(s)=1$，这样系统误差的传递函数为

$$\phi_e(s)=\frac{1-G_F(s)G_C(s)}{1+G_R(s)G_C(s)}$$

如前馈传递函数具备不变性的条件：

$$G_F(s)=\frac{1}{G_C(s)}$$

则 $\phi_e(s)=0$，$\phi(s)=1$，即输出完全复现输入，系统误差始终保持为零。通过上述分析还可以看出，系统特征方程不受前馈引入的影响，这也说明前馈控制不仅不影响系统的稳定性，还极大地提高了系统控制精度与响应速度，减小了稳态误差，体现了前馈控制系统的优势。目前，这种前馈-反馈式控制方式在本书飞行模拟器动感系统中得到实际应用，取得了较好的效果。

根据前馈补偿控制原理，在简单反馈闭环控制方法中引入输入指令的微分信号作为部分输入，即把每个电动缸的输入信号 q 引到前馈环节，实现铰点空间前馈补偿控制。同时，依照前述分析，理论上通过前馈补偿可以完全复现输入信号，虽然由于并联平台系统存在时变性及外界噪声干扰等因素的影响，不可能达到完全复现，但极大地提高了系统动态跟踪精度。一般微分信号作为前馈信号提高了响应速度，但考虑到系统的稳定性，有必要引入一阶惯性环节，结合 3.4 节交流伺服电机模型，则并联平台铰点空间改进控制框图如图 5-3 所示。

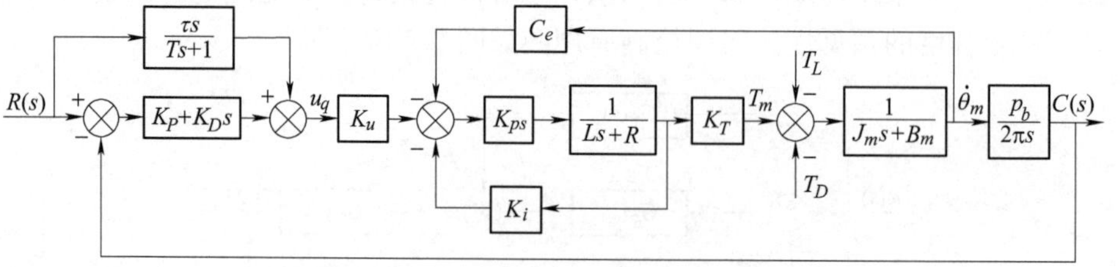

图 5-3　铰点空间前馈补偿 PD 控制框图

在铰点空间 PID 控制的基础上，适当调整参数 τ 和 T，提高系统响应速度和运行的稳定性，使系统可以获得更好的动态特性。前馈补偿 PD 控制已在实物样机中应用，具体动静态性能的仿真对比分析见 6.4 节。

5.2.3　计算力矩控制

以上两种方法都是基于运动学模型的铰点空间控制器设计，它不涉及并

联平台的动力学模型，不需要大量的实时运算，设计起来也比较简单，但忽略了各电动缸间的耦合关系，还是一种没能实现位姿反馈的开环控制。若想提高系统动态特性，弱化这种耦合作用，就需要设计基于动力学模型的控制方法。这种方法也很多，但都是以计算力矩控制为基础演变而来的，该控制方法是以 PD 控制为基本框架，通过引入加速度前馈和速度反馈获得。由 3.3 节可知，采用忽略滚珠丝杠自转动力学模型Ⅱ的标准形式为

$$J^{\mathrm{T}} f_s = M_x(x)\ddot{x} + C_x(x,\dot{x})\dot{x} + G_x(x)$$

则依据上式，引入控制律，有

$$\boldsymbol{\tau} = M_x(x)u + C_x(x,\dot{x})\dot{x} + G_x(x)$$

因 M_x 可逆，且当给定的位姿轨迹 $x_d(t)$ 给定后，其一阶导数 $\dot{x}_d(t)$ 与二阶导数 $\ddot{x}_d(t)$ 也已知，则基于前述分析引入 PD 控制有

$$u = \ddot{x}_d + K_d(\dot{x}_d - x) + K_p(x_d - x)$$

由于 K_d 与 K_p 正定，引入广义偏差 $e=x_d-x$，则闭环系统方程为

$$\ddot{e} + K_d\dot{e} + K_p e = 0$$

将上式进行整理，得控制律表达式：

$$\boldsymbol{\tau} = M_x(x)(\ddot{x}_d + K_d\dot{e} + K_p e) + C_x(x,\dot{x})\dot{x} + G_x(x)$$

式中　x 为并联平台广义坐标；K_d、K_p 为控制器微分、比例系数，其他与上文中定义相同，但 $M_x(x)$、$C_x(x,\ \dot{x})$、$G_x(x)$ 需要将上述式子带入求得。其控制系统结构如图 5-4 所示。

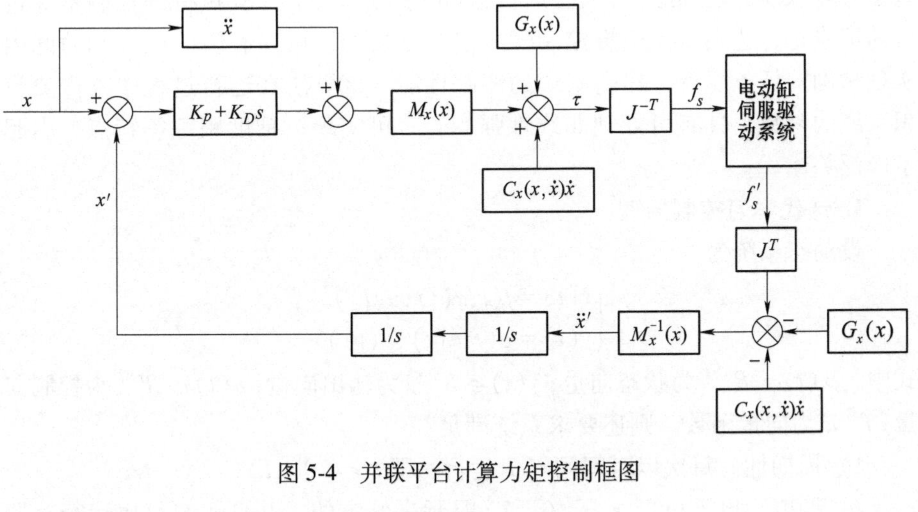

图 5-4　并联平台计算力矩控制框图

从图 5-4 可以看出，计算力矩控制是真正意义上的闭环控制，通过对控制

参数矩阵 K_p、K_d 的选取，可以使系统具有较好的收敛速度和误差精度，其调试过程也比运动学铰点空间 PID 控制简单。

虽然计算力矩控制实现了并联平台位姿反馈的完整闭环控制和动态的部分解耦，理论上具有一定的进步性，但由于在建动力学模型时假设并忽略了一些实际因素，使实际输出存在一些偏差，同时动力学模型的实时运算量较大，且并联平台位姿正解还没得到很好的解决，导致控制系统实时性较差，系统控制的鲁棒性也不是很好，特别是在工程实际应用中，并联平台位姿反馈的测量很难获得，这些都给基于动力学模型控制方法的实际应用带来困难，因此必须寻找性能更好的控制方法去改善计算力矩控制的不足。

5.3　六自由度并联平台迭代学习滑模变结构控制策略研究

前面分析了并联平台三种典型的基本控制策略，虽然目前已有广泛的应用，但在控制精度与控制鲁棒性方面，没能达到比较满意的程度，为解决此问题，需要研究设计出性能更好的控制器。

5.3.1　迭代学习控制

迭代学习控制（Iterative Learning Control，ILC）作为广义智能控制的一个重要部分，发展已有几十年的时间，具有严格的数学描述，能利用测量的偏差信号和以前的控制经验，通过所设计的学习律对下一次执行的控制指令进行前馈修正，达到获得理想控制输入指令的目的，可在有限的区间和时间内实现精确的任务复现，提高系统的跟踪性能。该算法在运行过程中不需要辨识系统的参数，具有可处理非线性强耦合、可实现高精度跟踪等特点，引起了广泛关注。

1. 迭代学习控制原理

设动态系统为

$$\begin{cases}\dot{x}(t)=f(t,x(t),u(t))\\ y(t)=g(t,x(t),u(t))\end{cases}$$

式中　$x(t)\in R^{n\times l}$ 为状态向量；$y(t)\in R^{m\times l}$ 为输出向量；$u(t)\in R^{r\times l}$ 为控制向量；f、g 为向量函数。则还要求系统满足：

1）周期性。每次以时间间隔 T 运行，即 $t\in(0,\ T)$。

2）期望输出 $y_d(t)$，$t\in(0,\ T)$ 是预先给定的，并且假定每次运行时期望输出 $y_d(t)$ 不变。

3）假定期望控制 $u_d(t)$ 存在，即在给定的状态初值 $x(0)$ 下，式 $\begin{cases}\dot{x}(t)=f(t,\ x(t),\ u(t))\\ y(t)=g(t,\ x(t),\ u(t))\end{cases}$ 中，$y(t)=y_d(t)$ 的解 $u_d(t)$ 存在。

4）每次运行前，初始状态 $x(0)$ 相同。

5）每次运行的输出 $y(t)$ 均可测，误差信号 $e(t)=y_d(t)-y(t)$。

6）在每次运行中系统的动力学结构保持不变。

在所设计的学习律中，通过该方法多次迭代运行，达到 $u(t)\rightarrow u_d(t)$ 与 $y(t)\rightarrow y_d(t)$ 的目的。

第 k 次运行时，上式表示为

$$\begin{cases}\dot{x}_k(t)=f(t,x_k(t),u_k(t))\\ y_k(t)=g(t,x_k(t),u_k(t))\end{cases}$$

第 k 次运行时，输出的误差为

$$e_k(t)=y_d(t)-y_k(t)$$

式中 k 为以下标的形式表示迭代次数；$u_k(t)$ 为第 k 次迭代的控制输入；$y_d(t)$ 为有界连续期望输出；$y_k(t)$ 为第 k 次迭代的输出。

迭代学习控制原理如图 5-5 所示。

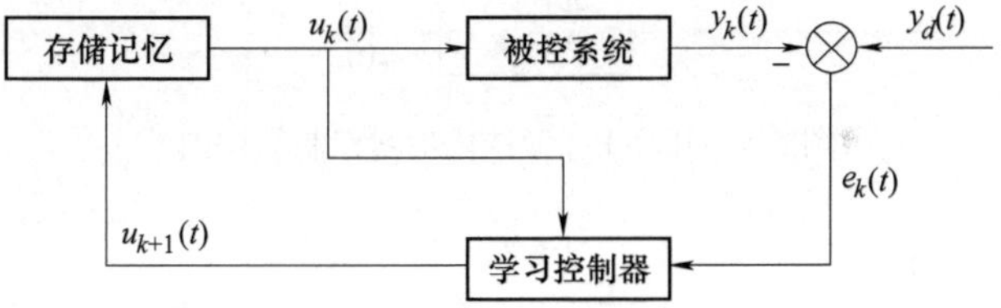

图 5-5 迭代学习控制原理图

2. 迭代学习控制器设计

依据 3.3 节分析内容，采用忽略滚珠丝杠自转动力学模型Ⅱ的标准形式，将其转化为动力学非线性状态方程如下：

$$\begin{cases}\dot{x}(t)=g(t,x)+Bu(t)\\ y(t)=Cx(t)\end{cases}$$

式中 $x_i=q_i$ 为并联平台位姿，即 $x_{\mathrm{I}}=[x_1\quad x_2\quad x_3\quad x_4\quad x_5\quad x_6]^{\mathrm{T}}$；$x_{i+6}=\dot{x}_i$ 为并联平台位姿速度，即 $x_{\mathrm{II}}=[x_7\quad x_8\quad x_9\quad x_{10}\quad x_{11}\quad x_{12}]^{\mathrm{T}}$。

则根据上述式子的对应关系，有

$$x=\begin{bmatrix}x_{\mathrm{I}}\\ x_{\mathrm{II}}\end{bmatrix}$$

$$u = f_s$$

$$\begin{aligned}\dot{x}_{\mathrm{II}} &= M_p^{-1}(x_{\mathrm{I}})J^{\mathrm{T}}u - M_p^{-1}(x_{\mathrm{I}})(C_p(x_{\mathrm{I}},x_{\mathrm{II}})x_{\mathrm{II}} - M_p^{-1}(x_{\mathrm{I}})G_p(x_{\mathrm{I}})\\ &= f(x) + H(x)u\end{aligned}$$

即 $g(t,\ x) = \begin{bmatrix} x_{\mathrm{II}} \\ f(x) \end{bmatrix}$；$B = \begin{bmatrix} 0 \\ H(x) \end{bmatrix}$。

迭代学习控制按被控系统与学习控制器的构成形式，可分为开环迭代学习控制、闭环迭代学习控制和开闭环迭代学习控制三种。目前迭代学习控制的中心问题是如何选择一种学习律，使得系统既有良好的稳定性又有较快的收敛速度，而本书由集成应用创新的控制思想出发，结合并联平台控制系统的特点，为了尽可能消除跟踪误差，采用目前比较成熟的开环 PD 型迭代学习控制律，控制结构如图 5-6 所示，其控制律表达式如下：

$$u_{k+1}(t) = u_k(t) + \lambda e_k(t) + \gamma \dot{e}_k(t)$$

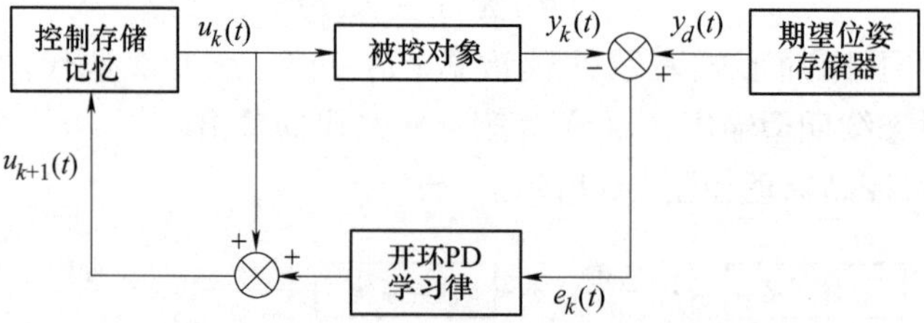

图 5-6　开环 PD 型迭代学习控制结构图

3. 收敛性分析

迭代学习控制算法能够运行的根本前提是算法的稳定性，是迭代学习控制执行过程中系统不发散的保证，但该算法仅仅稳定是不够的，必须还要能够收敛到真实值，这样才能保证算法具有最优控制的某种意义，所以保证算法具有收敛性是迭代学习控制的关键性问题，即：$u_k(t)$ 一致收敛到期望的输入 $u_d(t)$；$y_k(t)$ 一致收敛到期望的轨迹 $y_d(t)$。

查阅相关文献，并结合式 $J^{\mathrm{T}}f_s = M_p^1(q)\ddot{q} + c_p^1(q,\ \dot{q})\dot{q} + G_p^1(q)$ 动力学模型证明算法的收敛性，则对上述非线性系统做如下假设：

1）非线性函数 $g(t,\ x)$ 满足全局 Lipschitz 条件，即 $\forall x_1,\ x_2$ 使对于正常 $M>0$，有：

$$\|g(t,x_1) - g(t,x_2)\| \leqslant M\|x_1 - x_2\|$$

2）在所有迭代域内状态回归误差序列 $\{\delta x_k(0)\}_{k\geqslant 0}$ 都收敛到零。

3）存在唯一的期望控制输入 $u_d(t)$， 使系统的状态和输出为期望值。

4）B 在时间 $t \in [0, T]$ 内有界。

由式 $y(t)=Cx(t)$ 和式 $u_{k+1}(t)=u_k(t)+\lambda e_k(t)+\gamma \dot{e}_k(t)$ 所表达的控制系统，如果满足结论：

$$\|(I-\gamma CB)\|<1$$

则当 $k \to \infty$ 时，$\|\delta u_{k+1}\|$趋近于零。

为证明此结论，需要引入一个引理如下：

引理：假设序列 $\{b_k\}_{k \geqslant 0}$ 收敛于零，当 $k \to \infty$ 时，$\sum_{i=0}^{k} \rho^{k-i} b_i$ 趋近于零，这里 $0<\rho<1$。

证明：依据所给的假设条件，有 $\lim_{i \to \infty} b_i = 0$，$\lim_{i \to \infty} \rho^i = 0$。使 $M_1 = \max\{|b_i|, i=0, 1, \cdots\}$

这样，$\forall \varepsilon > 0$，$\exists N$，如果 $n > N$，则有下面的不等式成立：

$$|b_n| \leqslant \frac{\varepsilon(1-\rho)}{1-\rho^N}$$

$$\rho^N \leqslant \frac{\varepsilon}{M_1} \frac{1-\rho}{1-\rho^N}$$

令

$$I_{2n} = \sum_{i=0}^{2n} \rho^{2n-i} b_i = \sum_{i=0}^{n} \rho^{2n-i} b_i + \sum_{i=n+1}^{2n} \rho^{2n-i} b_i = \rho^n \sum_{i=0}^{n} \rho^{n-i} b_i + \sum_{j=0}^{n-1} \rho^i b_{2n-j}$$

因为

$$\left| \sum_{i=0}^{n} \rho^{n-i} b_i \right| \leqslant \sum_{j=0}^{n} |\rho^j b_{n-1}| \leqslant M_1 \sum_{j=0}^{n} \rho^j = M_1 \frac{1-\rho^{n+1}}{1-\rho}$$

$$\left| \sum_{j=0}^{n-1} \rho^j b_{2n-j} \right| \leqslant \sum_{j=0}^{n-1} \rho^j |b_{2n-j}| \leqslant \frac{\varepsilon(1-\rho)}{1-\rho^N} \sum_{j=0}^{n-1} \rho^j = \frac{\varepsilon(1-\rho)}{1-\rho^N} \frac{1-\rho^n}{1-\rho} = \varepsilon \frac{1-\rho^n}{1-\rho^N} < \varepsilon$$

故

$$|I_{2n}| \leqslant \rho^n \left| \sum_{i=0}^{n} \rho^{n-i} b_i \right| + \left| \sum_{j=0}^{n-1} \rho^j b_{2n-j} \right| < \rho^n M_1 \frac{1-\rho^{n+1}}{1-\rho} + \varepsilon$$

$$< \frac{\varepsilon}{M_1} \frac{1-\rho}{1-\rho^N} \frac{1-\rho^{n+1}}{1-\rho} M_1 + \varepsilon < 2\varepsilon$$

注意：ε 是任意正实数，则当 $n \to \infty$ 时，$I_{2n} \to 0$ 成立，证明完毕。

结论证明：

定义

$$\delta x_k(t) = x_d - x_k ; \delta y_k(t) = y_d - y_k ; \delta u_k(t) = u_d - u_k$$

为使$f_1(t, x) = g(t, x_d) - g_1(t, x_d - x)$，$\forall x \in R^n$，令

$$\delta \dot{x}_k = g_1(t, \delta x_k) + B\delta u_k$$
$$\delta y_k = C\delta x_k$$
$$\delta u_{k+1} = \delta u_k - \lambda \delta y_k - \gamma \delta \dot{y}_k$$

由上式可知

$$\delta \dot{y}_k = Cg_1(t, \delta x_k) + CB\delta u_k$$

则可推出

$$\delta u_{k+1} = (I - \gamma CB)\delta u_k - \lambda C\delta x_k - \gamma Cg_1(t, \delta x_k)$$

因此，得

$$\begin{aligned}
\|\delta u_{k+1}\| &= \|(I - \gamma CB)\delta u_k - \lambda C\delta x_k - \gamma Cg_1(t, \delta x_k)\| \\
&\leqslant \|(I - \gamma CB)\delta u_k\| + \|\lambda C\delta x_k\| + \|\gamma Cg_1(t, \delta x_k)\| \\
&\leqslant \|(I - \gamma CB)\| \cdot \|\delta u_k\| + (\|\lambda C\| + M\|\gamma C\|) \cdot \|\delta x_k\| \\
&\leqslant \|(1 - \gamma CB)\| \cdot [\|(I - \gamma CB)\| \cdot \delta u_{k-1} + \eta_{k-1}] + \eta_k \leqslant \cdots \\
&\leqslant \|(I - \gamma CB)\|^{k+1} \cdot \|\delta u_0\| + \sum_{i=0}^{k} \|(I - \gamma CB)\|^{k-1} \eta_i
\end{aligned}$$

式中　$\eta_i = (\|\lambda C\| + M\|gC\|) \cdot \|\delta x_i\|$，$i = 0, 1, \cdots, k$。证明完毕。

由上述分析可知，迭代学习控制律参数的取值需满足$\|(I - \gamma CB)\| < 1$，则$k \to \infty$时，理论上控制输入变化将趋近于零，使输出能精确地跟踪期望位姿，若能合理地选择γ，使$\|(I - \gamma CB)\|$值较小，则收敛的速率会更快。

5.3.2　滑模变结构控制

滑模变结构控制（Sliding Mode Control，SMC）最早由菲利波夫（Fillipov）于1960年提出，其设计方法简单，控制算法容易实现，是一种特殊的非线性控制方法，其非线性表现为控制的不连续性，与其他控制的不同之处在于系统的“结构”不固定，而是在动态过程中，根据系统当前的状态有目的地不断变化，迫使系统按照预定“滑动模态”的轨迹做小幅度、高频率的上下运动。当系统处于滑动运动状态时，误差动态响应可以确定，系统动态特性对参数变化及噪声干扰很不敏感，即在控制输入作用下，系统状态一旦进入所设定的滑平面（即进入滑动模态），则对外部扰动和参数的变化具有完全的鲁棒性。由于滑动模态的设计可与对象参数及扰动无关，因而该控制方法具有响应快速、对参数变化及扰动不敏感、物理实现简单等优点，表现出优越的鲁棒性。

1. 滑模控制原理

所谓变结构控制，即存在一个或多个切换函数，当系统状态达到切换时，

从一种结构自动转换到另一种结构，其滑模变结构控制的基本内容为：

设有一控制系统

$$\dot{x}=f(x,u,t)\qquad x\in R^n;u\in R^m;t\in R$$

需要确定的切换函数为 $s(x)$，且 $s\in R^m$，求解控制函数

$$u=\begin{cases}u^+(x) & s(x)>0\\ u^-(x) & s(x)<0\end{cases}$$

其中，$u^+(x)\neq u^-(x)$，使得：

1）滑动模态存在，即上式成立。

2）满足可达性条件，在切换面 $s=0$ 以外的运动点都将于有限的时间内到达切换面。

3）保证滑模运动的稳定性。

4）达到控制系统的动态品质要求。

前三点是滑模变结构控制的三个基本问题，只有满足了这三个条件的控制才叫滑模变结构控制。从上述基本设计步骤中可看出，该设计包含相对独立的两部分：

1）设计切换函数 $s(x)$，使它所确定的滑动模态渐近稳定，且具有良好的动态品质。

2）求取滑动模态控制律 $u^{\pm}(x)$，使到达条件得到满足，从而在切换面上形成滑动模态区。

2. 滑模控制器设计

在普通滑模控制中，一般都是设计一个线性的滑动平面，通过滑模面参数矩阵的不同取值来调节控制的收敛速度，使跟踪误差逐步收敛到零，但却不能在有限时间内使跟踪误差收敛为零。为解决此问题，近年来提出了终端滑模控制（Terminal Sliding Control，TSC）策略。该控制方法是在滑动超平面设计中引入非线性函数，使滑模面上跟踪误差能够在有限时间内收敛到零。与传统的滑模控制相比，它不仅具有较好的鲁棒性，还具有更高的稳态跟踪精度，而且与线性滑模面相比，控制器增益也会相对较小。但在实际工程中却存在一个问题，就是非线性函数的引入，使控制器实现起来比较难；另外，参数的取值比较复杂，如果选取不当，还会出现奇异问题。针对上述问题，在终端滑模控制方法的基础上，结合并联平台动力学模型，本书采用一种非奇异终端滑模控制（Nonsingular Terminal Sliding Mode Control，NTSMC）方法。

为考虑模型控制的一般性，在不忽略不确定项和外部干扰的情况下，结合动力学模型，则并联平台系统动态方程写为

$$M(q)\ddot{q}+C(q,\dot{q})+G(q)=\tau(t)+d(t)$$

式中　$d(t)$ 为外部干扰项。

$$M(q)=M_p(q)+\Delta M(q)$$
$$C(q,\dot{q})=C_p(q,\dot{q})+\Delta C(q,\dot{q})$$
$$G(q)=G_p(q)+\Delta G(q)$$

式中　$M_p(q)$、$C_p(q,\ \dot{q})$ 和 $G_p(q)$ 为并联平台动态方程的估计项；$\Delta M(q)$、$\Delta C(q,\ \dot{q})$ 和 $\Delta G(q)$ 为并联平台动态方程的不确定项。

动态方程又可改写为

$$M_p(q)\ddot{q}+C_p(q,\dot{q})+G_p(q)=\tau(t)+\rho(t)$$

式中　$\rho(t)=-\Delta M(q)\ddot{q}-\Delta C(q,\ \dot{q})-\Delta G(q)+d(t)$。

假设 $\|\rho(t)\|<b_0+b_1\|\dot{q}\|+b_2\|\ddot{q}\|^2$，设期望的位置指令为 q_r，定义 $\varepsilon(t)=q-q_r$，则 $\dot{\varepsilon}(t)=\dot{q}-\dot{q}_r$。

定义 $e(t)=[\varepsilon^{\mathrm{T}}(t)\quad\dot{\varepsilon}^{\mathrm{T}}(t)]^{\mathrm{T}}$，则非奇异滑模面设计为

$$s=\varepsilon+C_1\dot{\varepsilon}^{p/q}$$

式中　$C_1=\mathrm{diag}[c_{11}\quad c_{12}\quad\cdots\quad c_{16}]$。

该方法的控制律设计为

$$\tau=\tau_0+u_0+u_1$$
$$\tau_0=C_p(q,\dot{q})+G_p(q)+M_p(q)\ddot{q}_r$$
$$u_0=-\frac{q}{p}M_0(q)C_1^{-1}\mathrm{diag}(\dot{\varepsilon}^{2-p/q})$$
$$u_1=-\frac{[s^{\mathrm{T}}C_1\mathrm{diag}(\dot{\varepsilon}^{p/q^{-1}})M_p^{-1}(q)]^{\mathrm{T}}}{\|s^{\mathrm{T}}C_1\mathrm{diag}(\dot{\varepsilon}^{p/q-1})M_p^{-1}(q)\|^2}\times \|s\|\|C_1\mathrm{diag}(\dot{\varepsilon}^{p/q-1})M_p^{-1}(q)\|(b_0+b_1\|q\|+b_2\|\dot{q}\|^2)$$

3. 收敛性分析

定义 Lyapunov 函数为 $V=\dfrac{1}{2}ss^{\mathrm{T}}$，由式 $M_p(q)\ddot{q}+C_p(q,\ \dot{q})+G_p(q)=\tau(t)+\rho(t)$ 求出 $\ddot{q}$，并将其代入误差式，得

$$\begin{aligned}\ddot{\varepsilon}(t)&=\ddot{q}-\ddot{q}_r=M_p^{-1}(\tau+p-C_p-G_p)-\ddot{q}_r\\&=M_p^{-1}(\tau_0+u_0+u_1+\rho-C_p-G_p)-\ddot{q}_r\\&=M_p^{-1}(C_p+G_p+M_p\ddot{q}_r+u_0+u_1+\rho-C_p-G_p)-\ddot{q}_r\\&=M_p^{-1}(M_p\ddot{q}_r+u_0+u_1+\rho)-\ddot{q}_r=M_p^{-1}(u_0+u_1+\rho)\end{aligned}$$

又由于

$$\dot{\varepsilon}+\frac{p}{q}C_1\mathrm{diag}(\dot{\varepsilon}^{p/q-1})M_p^{-1}(q)u_0(t)$$

$$
\begin{aligned}
&= \dot{\varepsilon} + \frac{p}{q} C_1 \mathrm{diag}(\dot{\varepsilon}^{p/q-1}) M_q^{-1}(q) \left(-\frac{q}{p} M_p(q) C_1^{-1} \mathrm{diag}(\dot{\varepsilon}^{2-p/q}) \right) \\
&= \dot{\varepsilon} - \mathrm{diag}(\dot{\varepsilon}^{p/q-1}) \mathrm{diag}(\dot{\varepsilon}^{2-p/q}) \\
&= 0
\end{aligned}
$$

对式 $V = \frac{1}{2} s s^{\mathrm{T}}$ 求导，并将上式代入，推导可得

$$
\begin{aligned}
\dot{V} &= s^{\mathrm{T}} \dot{s} = s^{\mathrm{T}} \left(\dot{\varepsilon} + \frac{p}{q} C_1 \mathrm{diag}(\dot{\varepsilon}^{p/q-1}) \ddot{\varepsilon} \right) \\
&= s^{\mathrm{T}} \left\{ \dot{\varepsilon} + \frac{p}{q} C_1 \mathrm{diag}(\dot{\varepsilon}^{p/q-1}) M_p^{-1} [u_1(t) + u_0(t) + \rho(t)] \right\} \\
&= s^{\mathrm{T}} \left\{ \frac{p}{q} C_1 \mathrm{diag}(\dot{\varepsilon}^{p/q-1}) M_p^{-1} [u_1(t) + \rho(t)] \right\} \\
&= s^{\mathrm{T}} \left\{ \frac{p}{q} C_1 \mathrm{diag}(\dot{\varepsilon}^{p/q-1}) M_p^{-1} \left(- \frac{[s^{\mathrm{T}} C_1 \mathrm{diag}(\dot{\varepsilon}^{p/q-1}) M_p^{-1}(q)]^{\mathrm{T}}}{\| s^{\mathrm{T}} C_1 \mathrm{diag}(\dot{\varepsilon}^{p/q-1}) M_p^{-1}(q) \|^2} \times \right. \right. \\
&\qquad \left. \left. \| s \| \| C_1 \mathrm{diag}(\varepsilon^{p/q-1}) M_p^{-1}(q) \| (b_0 + b_1 \| q \| + b_2 \| \dot{q} \|^2) + \rho(t) \right) \right\} \\
&= -\frac{p}{q} \| s \| \| C_1 \mathrm{diag}(\dot{\varepsilon}^{p/q-1}) M_p^{-1}(q) \| (b_0 + b_1 \| q \| + b_2 \| \dot{q} \|^2) + \\
&\qquad \frac{p}{q} s^{\mathrm{T}} C_1 \mathrm{diag}(\dot{\varepsilon}^{p/q-1}) M_p^{-1}(q) \rho(t) \\
&\leqslant -\frac{p}{q} \| s \| \| C_1 \mathrm{diag}(\dot{\varepsilon}^{p/q-1}) M_p^{-1}(q) \| (b_0 + b_1 \| q \| + b_2 \| \dot{q} \|^2) + \\
&\qquad \frac{p}{q} \| s \| \| C_1 \mathrm{diag}(\dot{\varepsilon}^{p/q-1}) M_p^{-1}(q) \| \| \rho(t) \| \\
&= -\frac{p}{q} \| s \| \| C_1 \mathrm{diag}(\dot{\varepsilon}^{p/q-1}) M_p^{-1}(q) \| [(b_0 + b_1 \| q \| + b_2 \| \dot{q} \|^2) - \| \rho(t) \|] < 0
\end{aligned}
$$

则当 $\| s \| \neq 0$ 时，$\dot{V} < 0$，根据 Lyapunov 定理可知系统稳定。

证明结束。

5.3.3　基于迭代学习的滑模变结构控制策略

上述分析研究的控制方法比较单一，都在控制性能的某一方面比较有优势，比如迭代学习控制与滑模变结构控制是比较先进的智能非线性控制方法，但不能满足一些复杂、未知或动态系统控制的要求，这就需要开发设计某些复合或集成的控制策略来满足现实问题。

从系统性能上分析，滑模变结构控制可保证在时间轴方向的收敛性；而迭代学习控制可保证在重复运行方向的收敛性。从控制优缺点上分析，变结构控制的突出优点是对系统参数和外部扰动具有不变性，而一个明显的缺点是系统存在颤抖，该缺点是由于采用不连续切换控制规律，系统状态会产生高频颤动，这将严重影响控制的精确性，因此系统控制精度不高。而迭代学习控制的突出优点是控制算法非常简单，控制精度很高，可以给定跟踪任意精度，但却有一个主要问题是鲁棒性偏差，虽从理论上严格地证明了稳定的充分性条件，但该条件与动态过程参数有关，且实际动态过程中，存在着各种不确定的扰动与偏差，正是这种不确定项的客观存在，使迭代学习控制的鲁棒性问题很难解决。因此，就鲁棒性问题而言，迭代学习控制不如滑模变结构控制的鲁棒性强；就系统控制精度而言，滑模变结构控制不如迭代学习控制的精度高。基于此种情况，本书提出把迭代学习与滑模变结构控制两种方法结合起来，应用到飞机模拟器六自由度并联平台运动系统控制中，设计出一种新的适合并联平台控制的迭代滑模方法，充分发挥二者各自的优点，互相抑制缺点，使并联平台控制系统既具有较强的鲁棒性，又可保持较高的轨迹跟踪精度。

迭代学习控制有闭环也有开环。如果使用闭环学习律，则需要较高增益反馈，这种高增益反馈会生成很大的控制输入信号，但在饱和执行器的限幅作用下，会极大地影响学习控制的收敛速度，导致这种高增益反馈意义不大。使用开环学习律可避免上述情况，但控制器对被控对象无纠偏维稳作用，所以最好能设计出不同的反馈与前馈控制器。反馈-前馈迭代学习控制器由前馈及反馈两种控制器组成，其反馈控制器主要实现任务系统的纠偏维稳作用，目的是使系统输出不会偏离期望输出太远，同时利用前馈控制器快速完成精确跟踪任务。本节就在迭代学习控制与滑模变结构控制两种非线性控制策略的基础上，提出基于迭代学习的滑模变结构控制策略。

前馈控制器采用 5.3.1 节设计的 PD 型 ILC 控制器

$$u_{ff,k+1}(t)=u_{ff,k}(t)+h_{ff}(e_k(t))$$

反馈控制器采用 5.3.2 节设计的 NTSMC 控制器

$$u_{fb,k}(t)=h_{fb}(e_k(t))$$

这样，系统的控制输入可写成

$$\begin{aligned}u_{k+1}(t)&=u_{ff,k+1}(t)+u_{fb,k+1}(t)\\&=u_{ff,k}(t)+h_{ff}(e_k(t))+h_{fb}(e_{k+1}(t))\end{aligned}$$

反馈-前馈迭代学习控制结构原理如图 5-7 所示，依据此结构设计原理，采用前两节所设计的控制器，则本书所设计的迭代学习滑模控制结构如图 5-8

所示。

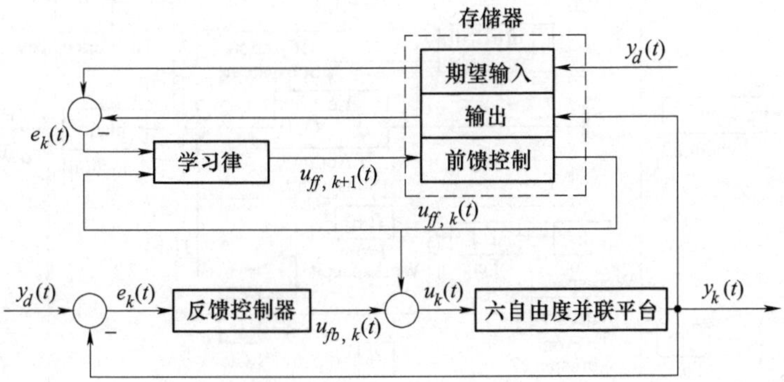

图 5-7 反馈-前馈迭代学习控制结构原理图

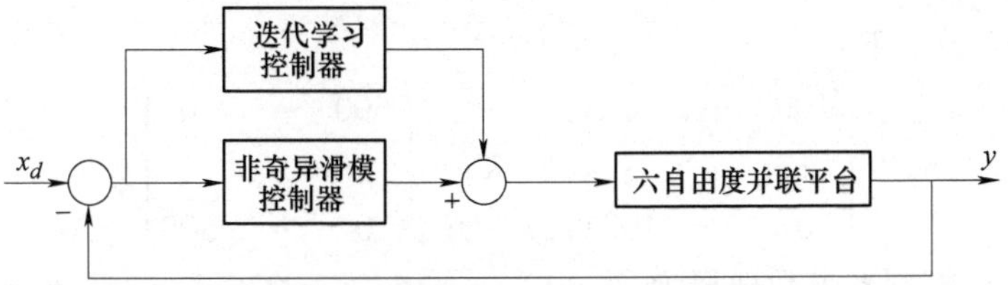

图 5-8 ILC+NTSMC 控制的结构图

在图 5-8 所示控制策略中，NTSMC 作为反馈控制器实现系统的镇定作用，而 PD 型 ILC 作为前馈控制器提高系统的跟踪精度。初始阶段，NTSMC 控制占主导地位，处理模型所受外部扰动；而当执行到稳态时，则 ILC 控制作用明显，实现迭代轴上跟踪精度的提高。此集成控制策略使并联平台控制既具有较强的鲁棒性，又保持了较高的跟踪精度。

5.3.4 迭代学习滑模控制仿真对比分析

本节在上述各控制策略分析与证明的基础上，针对并联平台运动特点，对本书提出的迭代学习滑模变结构集成复合控制策略进行仿真分析，进一步验证所设计控制策略的合理性与优越性。在 MATLAB/Simulink 中建立系统仿真模型，则迭代学习滑模控制系统框图如图 5-9 所示。其中，虚线部分为控制器部分，模块 input 为期望的输入，ctrl 为非奇异终端滑模变结构控制模块，plant 为并联平台动力学模型。

依据迭代收敛条件，即在满足式 $\|(I-\gamma CB)\|<1$ 的条件下，经过反复调试，合理选取所设计的 PD 型迭代学习控制律中的比例与微分系数，其比

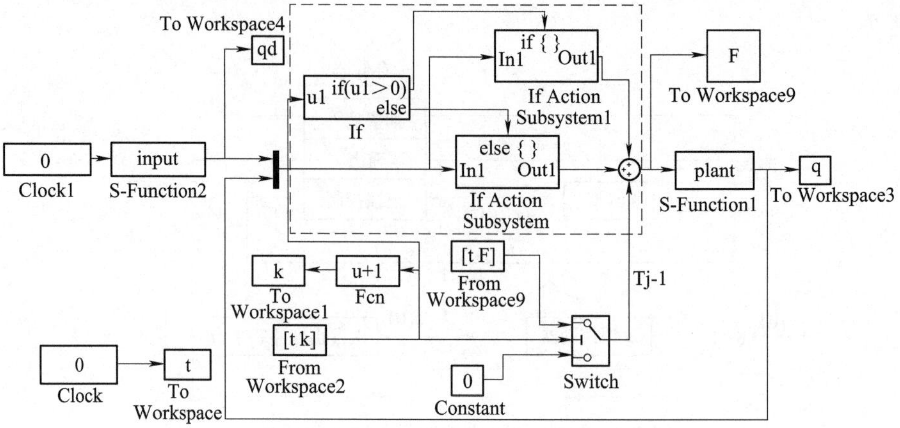

图 5-9　迭代学习滑模控制系统方框图

例、微分系数如下：

$$K_p=\begin{bmatrix}100 & \cdots & 0\\ \vdots & & \vdots\\ 0 & \cdots & 100\end{bmatrix}_{6\times6},K_d=\begin{bmatrix}500 & \cdots & 0\\ \vdots & & \vdots\\ 0 & \cdots & 500\end{bmatrix}_{6\times6}$$

NTSMC 控制器参数选择为：$q=13$，$p=16$，$b_0=23$，$b_1=36$，$b_2=40$。

同样，对所设计的迭代学习滑模控制器，分模型不确定性和外部干扰两种情况进行仿真分析，分别进行迭代 5 次、10 次和 20 次后观察跟踪误差的变化情况，如图 5-10~图 5-15 所示。

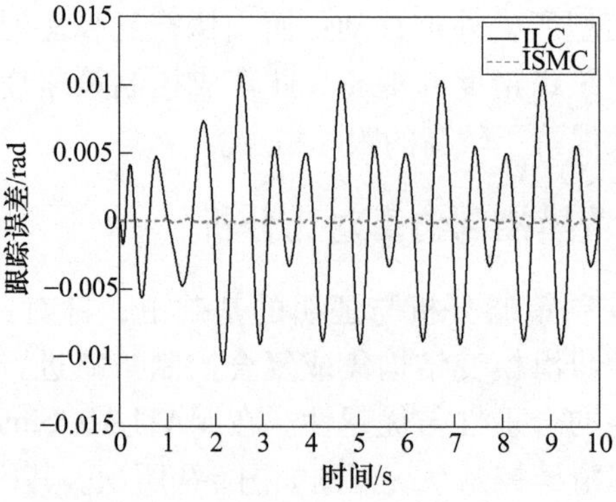

图 5-10　模型不确定情况下横滚跟踪误差对比（5 次）

从图 5-10、图 5-11 和图 5-12 的仿真结果可以看出，在处理模型不确定性方面，本书所提出的迭代滑模控制器比传统迭代学习控制器性能要好，这说

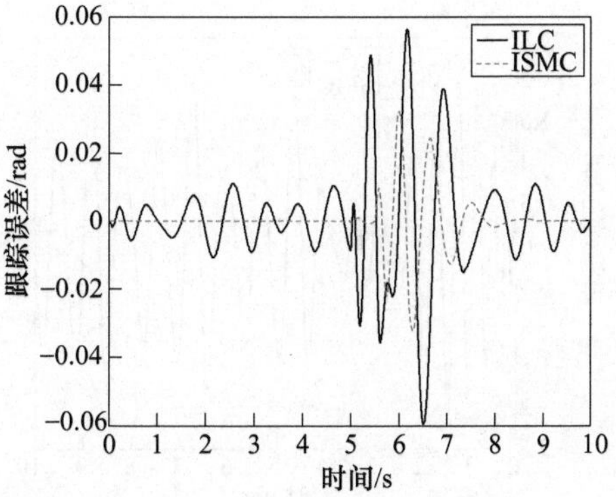

图 5-11 受干扰后横滚跟踪误差对比（5 次）

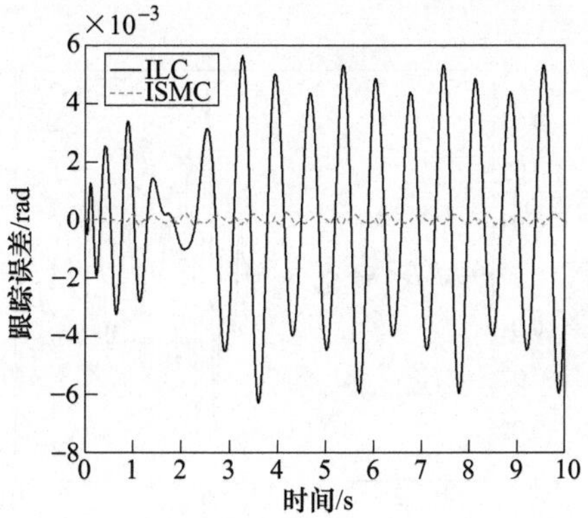

图 5-12 模型不确定情况下横滚跟踪误差对比（10 次）

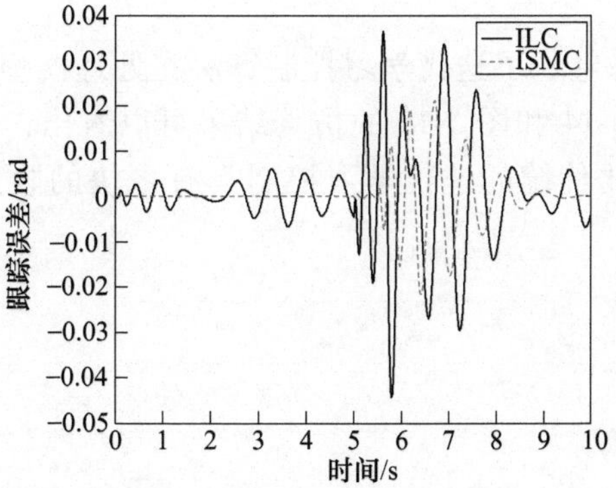

图 5-13 受干扰后横滚跟踪误差对比（10 次）

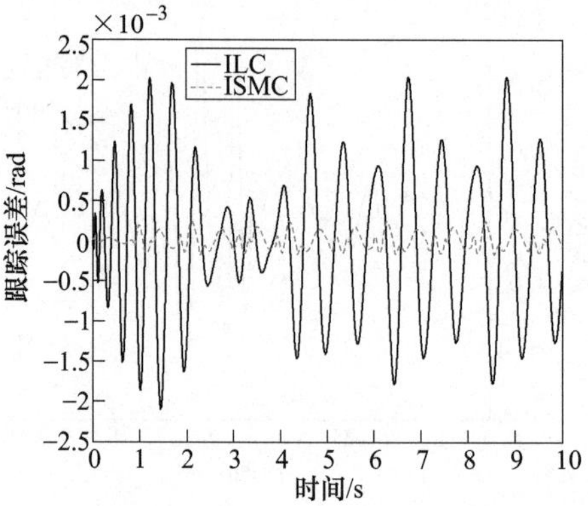

图 5-14　模型不确定情况下横滚跟踪误差对比（20 次）

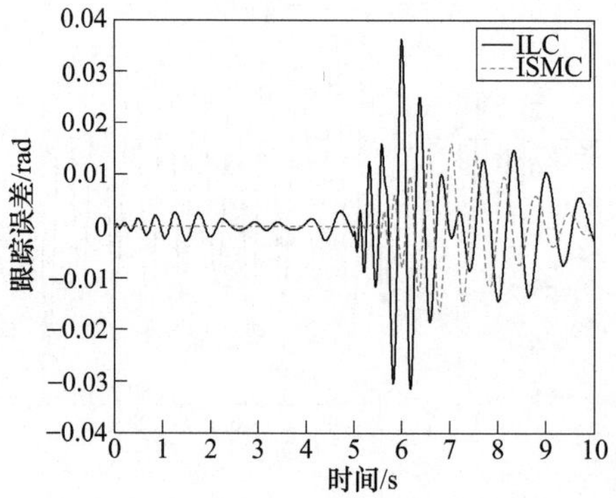

图 5-15　受干扰后横滚跟踪误差对比（20 次）

明迭代滑模控制算法继承了迭代学习控制算法在处理模型不确定性方面的优点；从图 5-13、图 5-14 和图 5-15 的仿真结果可以看出，在有外部常值干扰时，迭代滑模控制比传统的迭代学习控制具有更快的收敛速度和更好的鲁棒性。

第 6 章

六自由度并联平台联合仿真及实验

6.1 引言

一般说来，现实世界中的复杂产品通常都是包含多学科知识的复杂系统，面向复杂产品设计的仿真技术已逐步从局部应用（单学科、单点）扩展到整个系统应用（多学科、全生命周期）。传统的做法是对复杂产品分别从每个学科的角度进行处理，即对各子系统分别进行仿真。在进行单个子系统仿真时，通常需要简化甚至完全忽略其他学科的子系统，这样做的目的是将复杂问题拆分成简单问题的组合，降低所研究问题的复杂程度，得到一定的效果。但由于各学科子系统之间有着各种各样的交互与约束，作为统一整体很难甚至不可能进行完全解耦，这种形式的仿真分析使系统相关性和整体性信息丢失，从而导致仿真结果置信度的降低。因此，这种传统的做法虽能满足一定的验证效果，但已不适应产品开发的全生命周期的需求，需要多个学科仿真软件相互协作共同完成，即对整个系统进行联合仿真。系统联合仿真有两种方式：一种是通过一个大的协同平台建立各专业学科的虚拟样机模型，开发一个共同的求解器，来实现联合仿真；另一种是采用各专业模块的专用集成接口，通过网络协议（TCP/IP）或同一台计算机直接访问的形式，来进行数据间的交换，实现整个系统的交互仿真。由于前者尚不成熟，本书采用第二种方式。

本章是在前几章优化设计的基础上，分别建立六自由度并联平台虚拟样机模型和实物样机模型。在建立虚拟样机模型后，通过各专业软件间数据接口进行联合仿真，主要是对物理样机中无法进行的复杂集成控制策略进行有效性验证。实物样机模型的建立，是优化设计的结果，并将简单的铰点空间前馈 PD 控制方法进行了真实应用，也达到该并联平台研发的目的；另外，通过真实平台固有频率的测试，验证了所建数学模型的正确性。

6.2 六自由度并联平台样机的建立

6.2.1 虚拟样机的建立

传统的产品开发方式需经过初步设计、样机研制、标准试验、改进定型和生产制造等几个步骤，设计中的不足和缺陷往往要经过物理样机的反复试验才能发现，增加了生产成本，延长了开发周期。而虚拟样机技术的出现，极大地改变了传统的研发模式，推动了研发技术的迅速发展，提高了新产品的市场竞争能力，并产生许多用于指导应用的新技术和新理论。虚拟样机就是用来代替物理产品的计算机数字模型，它可以像真实的物理模型一样，用来对所关心产品的全生命周期进行展示、分析和测试。其明显的优点是：极大地缩短了研发周期，可对多种可行方案进行验证等，有效克服了传统实物样机研发模式的不足，为全性能、全系统总体设计、产品评价提供了有效的方法。实现虚拟样机技术的前提是建立高可信度的虚拟样机模型。

为了得到较准确的功能虚拟样机模型，本书采用 CATIA 与 ADAMS 进行联合建模。首先根据实际的结构参数数据，利用 CATIA 进行建模和装配，建立精确的三维实体模型，克服 ADAMS 机械建模能力薄弱的缺点；其次，进行各种干涉与碰撞检查，并通过专业接口软件 SimDesigner 中的 SD Motion 功能模块进行设置，无须退出 CATIA 运行环境，直接将建好的几何模型生成 ADAMS 自身的 *.cmd 文件，可方便地实现 CATIA 和 ADAMS 间数据的无缝交换，且不丢失各种数据；然后经过 ADAMS 中各种相关边界条件和约束条件的设置，就得到了多刚体系统六自由度并联平台功能虚拟样机模型，如图 6-1 所示。其具体操作与设置方式见 2.5 节，这里不再赘述。

6.2.2 实物样机的研制

在前期优化设计的基础上，进行了六自由度并联平台实物样机各部件设计与选型，其整体结构参数为：上平台半径 2228mm，下平台半径 3240mm，底位高度 2078mm，相邻上铰点间距离 300mm，相邻下铰点间距离 300mm，电动缸最大行程 1630mm。下面从系统主要组成和总体设计方法两方面，分别介绍所研制的六自由度并联平台实物样机系统。

6.2.2.1 系统主要组成

并联平台运动系统主要由上平台、下平台、电动缸、气悬浮系统、控制系统和其他附件等组成。其系统实物整体结构如图 6-2 所示。

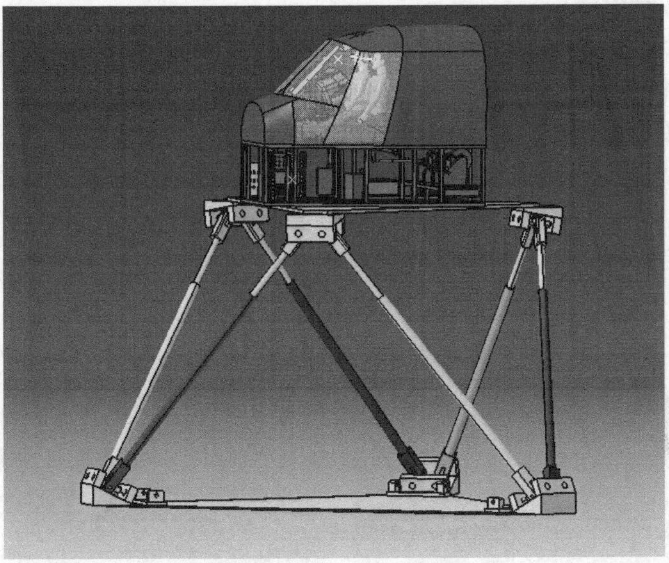

图 6-1 虚拟样机模型

图 6-2 六自由度并联平台运动系统实物整体结构

6.2.2.2 系统总体设计

1. 上平台设计

上平台为钢质材料焊接加工而成的方箱式结构，上铰点各支座均为虎克铰形式，由多套高性能的轴瓦及铰轴构成。其结构如图 6-3 所示。

2. 下平台设计

下平台采用预埋件混凝土整体浇注的固定方法，保证整个系统结构的稳定性、抗震性和安全性，下铰点各支座同样均为虎克铰形式，也由多套高性能的轴瓦及铰轴构成。其结构如图 6-4 所示。

图 6-3 上平台实物结构

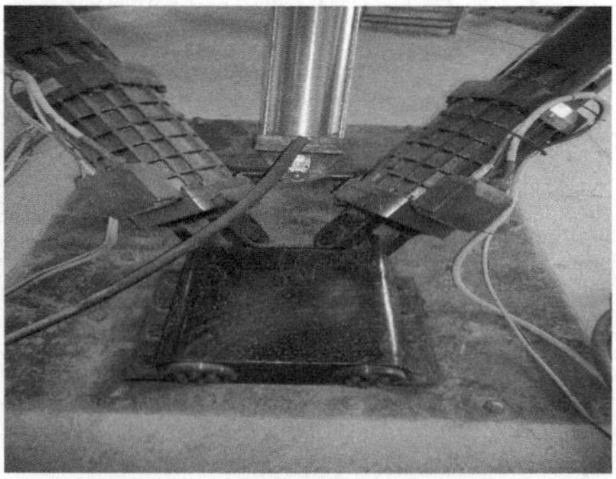

图 6-4 下平台实物结构

3. 电动缸设计

电动缸主要由六套交流伺服电机、六套高性能驱动器、六套动作筒及滚珠丝杠等组成，是整个并联平台系统的核心驱动部件，根据 3.4 节的选用原则并结合附录 A（并联平台运动系统技术性能指标），所选各元器件如下：

依据性能指标与设计规范要求，选用高性能交流伺服电机 SEA807-01，选用内置、六通道绝对正余弦编码器，分辨率高，抗干扰能力强，可靠性高。其独特的转子和定子结构，使其抗冲击载荷能力强；具有热保护电路，使其抗电流过载能力强。交流伺服电机如图 6-5 所示，其技术指标为

额定转矩（T_n）：153N · m

额定转速（W_n）：205rad/s

额定功率（P_n）：33051W

峰值转矩（T_{pk}）：650N · m

最大速度（V_{max}）：400rad/s

重　　量（M）：78kg

电机驱动器如图 6-6 所示，其技术指标为

功　　率：75kW

额定电流：102A

峰值电流：261A

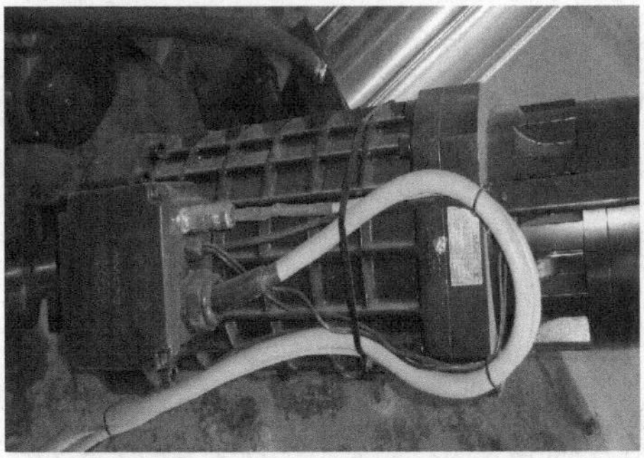

图 6-5　交流伺服电机实物图

图 6-6　电机驱动器实物图

依据手册中滚珠丝杠副选用原则，查滚珠丝杠副公称直径和基本导程的标准系列表，所选动作筒及滚珠丝杠如图 6-7 所示，其主要性能指标为

有效行程：1530mm

滚珠丝杠指标：轴径 63mm，导程 40mm

额定动载荷：233kN

额定静载荷：590kN

最大速度：1000mm/s

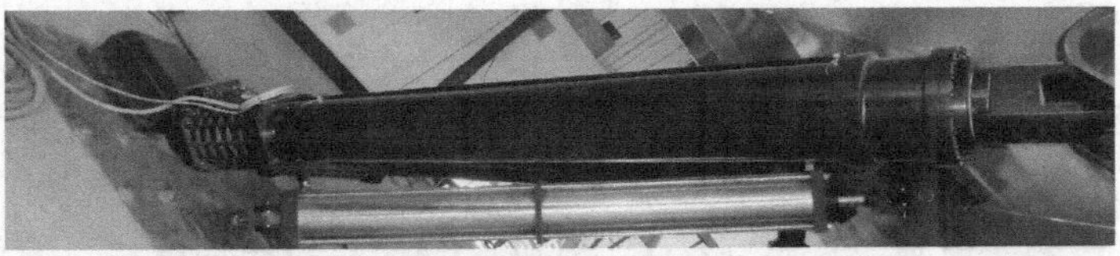

图 6-7　动作筒及滚珠丝杠实物图

4. 气悬浮系统设计

目前，国内外用于小负载电动并联平台的电动缸技术发展较快，各种连接形式与构型也较多，但大负载（8t 以上）电动平台的研发一直制约着其在飞行模拟器中的应用，主要存在负载很难平衡，功耗过大使电动缸、电机容易发热和响应速度变慢等问题，特别是当平台负载过大、平台运动到极限位

置或平台出现异常情况时，并联平台会因重力及惯性力作用造成向下的强烈冲击使电动缸及其他设备损坏，严重时会导致平台损坏甚至倒塌，这些都会给训练人员和并联平台带来很大的安全隐患。查阅国内外资料来看，仅靠改进电动缸性能，上述问题是无法避免的，而且极大地增加了研制与使用成本。为从根本上解决上述问题，对于大负载并联平台采用了一项特有技术，即气悬浮支撑系统。该系统可以有效地平衡并联平台负载质量、减小系统功耗、防止电机发热、提高响应速度，特别是该系统中的气弹簧效应可以缓冲异常情况下的重力冲击，在平台出现异常情况时提供有效支撑和安全保护，因此该系统的设计在防止并联平台损坏、提高并联平台工作可靠性、保证并联平台和训练人员安全性等方面起到关键性作用。

气悬浮系统主要由空气压缩机、储气罐、气弹簧动作筒、换向阀、压力传感器、单向阀、气泵和导管等组成。气弹簧下腔通入压缩气体，上腔通大气；为防止活塞杆收回时吸入异物影响气弹簧的灵活性，通气孔处设置滤嘴；气弹簧活塞采用自润滑防腐设计；利用压力传感器为失压保护提供报警电信号；储气罐内壁有防腐涂层，气泵出口和储气罐出口均设置空气干燥和净化组件；设置排水口可以定期排出冷凝的水分等。其工作原理为：气泵接通电源后，其控制系统自动保证储气罐的压力在设定范围内。当储气罐压力低于设定值范围时，气泵自动开始向储气罐供气；当由于环境变化储气罐内压力升高超过安全设定值时，安全阀门自动放气调压；当系统正常工作时，气弹簧下腔与储气罐相通，活塞杆输出恒定的支撑力。系统发生故障或紧急操作时，并联平台将自然下落，气体被迅速压缩，压力不断增大，气弹簧刚性变大，可以起到较好的限位和缓冲作用；故障排除后，手动调节气悬浮系统泄压装置，缓慢减小气弹簧的压力，可以控制负载在重力作用下平稳回落至底位。气悬浮系统实物如图 6-8 所示。

5. 控制系统设计

控制系统由控制柜、数字伺服电机驱动器、24V 直流电源、接地系统、嵌入式 PC、数字量输入输出（I/O）模块、CAN 总线通信模块、通信和控制电缆、信号灯、连锁开关等组成。其核心是一台 CX1020 嵌入式 PC 及数字量 I/O 模块，如图 6-9 所示。配备了 1GHz 的 Intel 赛扬 M 系列 CPU，这是一种低功耗型 CPU，在超低内核电压下运行，具有功耗小、发热少的特点，其热设计功率（TDP）仅为 7W。因此，CX1020 嵌入式 PC 虽然设计非常紧凑，却不需要使用风扇，这对于增加整个系统的平均无故障工作时间来说具有重要意义。其他系统模块（如 I/O 模块）均通过标准的 16 位 PC/104 总线相互连接，方便了系统功能扩展。

图 6-8　气悬浮系统实物图

图 6-9　嵌入式 PC 实物图

控制系统按功能可分为供电控制和运动控制两部分。

(1) 供电控制　主要控制系统供电的通断、相间平衡、驱动器直流供电、驱动器交流供电等。其指标如下：

输入电压：380V（三相四线）

直流电源输入：220V（单相交流）

直流电源输出：24V

接通空气开关，给系统供电；接通 K1～K6，相应的 24V 电源给驱动器供直流电，驱动器开始工作。空气开关可作为系统的紧急断电开关，K1～K6 可作为单个驱动器的紧急断电开关，其供电控制部分原理图如图 6-10 所示。

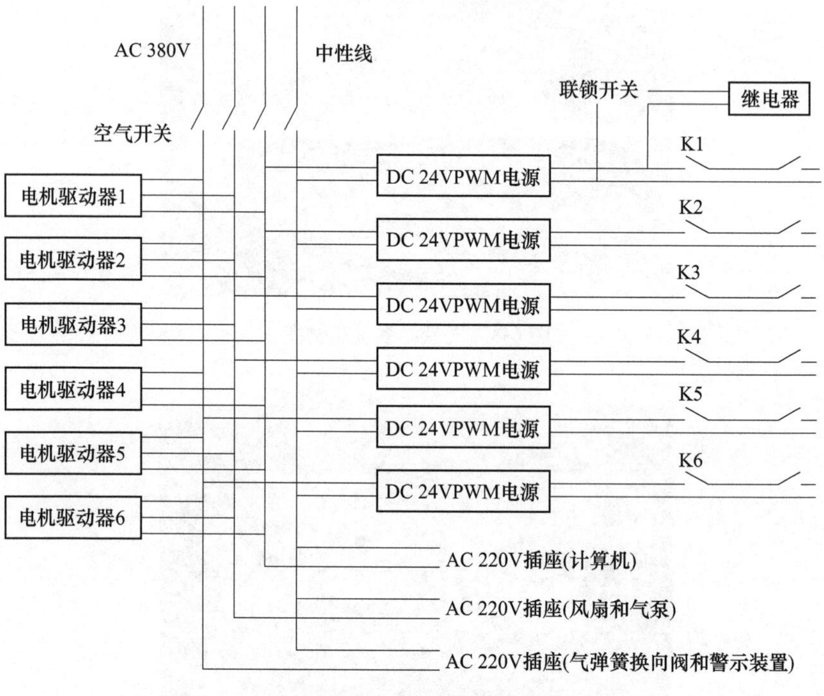

图 6-10　供电控制部分原理图

（2）运动控制　主要实现安全联锁、状态控制、运动控制和电机伺服驱动等功能。工业 PC 从以太网接收飞行仿真计算机传来的飞机飞行状态信息，通过 I/O 模块采集联锁开关和压力传感器的状态，通过 CAN 主站获得 6 个电动缸的位置，这些信息经过平台控制软件综合确定系统的基本构型。人机界面可以输入“待命”和“联机”指令，显示系统通信状态和电动缸状态。平台控制软件完成状态切换、平台运动滤波与控制模型、故障状态检测等功能，其并联平台运动控制原理图如图 6-11 所示。

6. 电磁兼容设计

并联平台系统电磁兼容设计主要考虑并联平台与其他设备之间及并联平

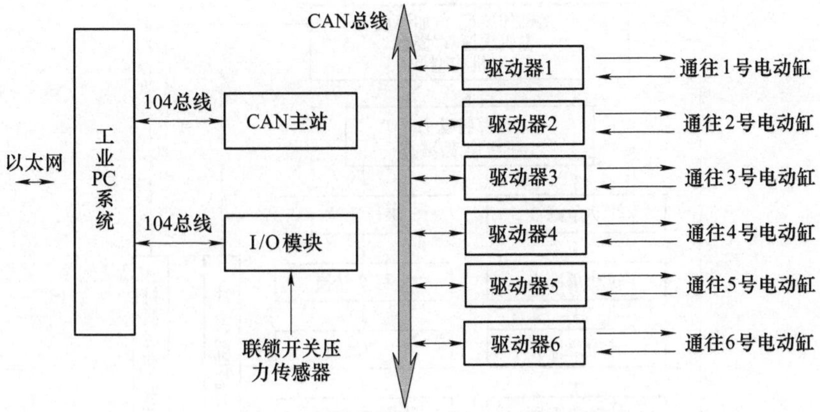

图 6-11　并联平台运动控制原理图

台自身的电子部件之间的电磁干扰。具体设计措施为：嵌入式 PC 控制器、驱动器等部件选用均采用符合国际通用标准的防电磁干扰设备，在通信方面均采用数字通信控制，所有线缆均采用屏蔽双绞线，控制柜采取可靠接地、电磁屏蔽等措施。对于大功率电机及驱动器，配备符合 EN 61800-3 标准的电源滤波器，以降低电机及驱动器对周围电网电压的干扰。

7. 软件系统设计

软件系统设计主要包括两部分内容：嵌入式 PC 并联平台控制软件设计和驱动器上的 PLC 应用软件设计。嵌入式 PC 控制软件运行于嵌入式 WinXP 系统中，主要控制整个并联平台系统的运动和安全，并可以显示信息。嵌入式 PC 通过 CAN 主站模块向每个控制器发出速度指令，并实时读取各个电动缸的位置，而且能对平台的重心偏移超限、上位数据输入范围超限、数据突变等异常情况进行处理；驱动器上的 PLC 应用软件驱动和控制各个电动缸的运动，其执行周期为 1ms 和 8ms，主要完成电机速度环的控制和各个电动缸的安全保护。各流程图如下：主驱动软件流程图如图 6-12 所示；抖振运动信号流程图如图 6-13 所示；冲击运动信号流程图如图 6-14 所示；并联平台运动管理流程图如图 6-15 所示。

8. 内外接口设计

（1）内部接口设计　机械系统并联平台上、下三点与电动缸均以虎克铰方式相连，气悬浮系统的气弹簧与上下平台间也是通过虎克铰方式相连接；控制系统各相关部件都集中在控制柜内，包括计算机、显示器、驱动器、直流电源、控制开关、I/O 设备、继电器等；联锁开关分布在各个联锁部位上；

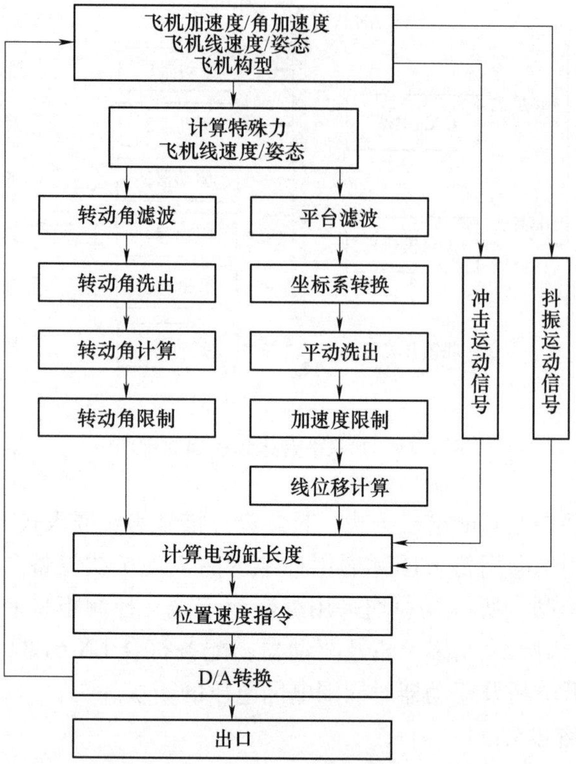

图 6-12　主驱动软件流程图

电气系统中电动缸的上下终点开关通过电缆连接到驱动器的 I/O 接口，交流伺服电机编码器的接线端子通过屏蔽电缆与驱动器、编码器 D 型插头相连，联锁开关通过电缆连接到控制柜中；控制计算机通过扩展口上的 CAN 总线与驱动器 CAN 总线 D 型接头相连，通过 I/O 扩展端子与压力传感器、驱动器及编码器、联锁开关相连；气悬浮系统中的气路连接，从气弹簧下腔开始，管路依次连接安全阀、压力传感器、手动球阀、储气罐、单向阀、减压阀、过滤器、气泵等。

（2）外部接口设计　并联平台系统与地基座之间通过三个固定座以及地脚螺栓可靠连接，控制柜、储气罐、气泵均平放于工作现场地面；电气系统中，并联平台外部供电为交流 380V 三相四线，最大功率不超过 120kVA；并联平台与飞行仿真计算机通过以太网 UDP 协议进行通信。

9. 安全性设计

为确保电动并联平台运行安全，尤其是保护飞行员、操作员、观察员和维修人员的人身安全，并联平台系统从硬件和软件两方面进行了安全设计。

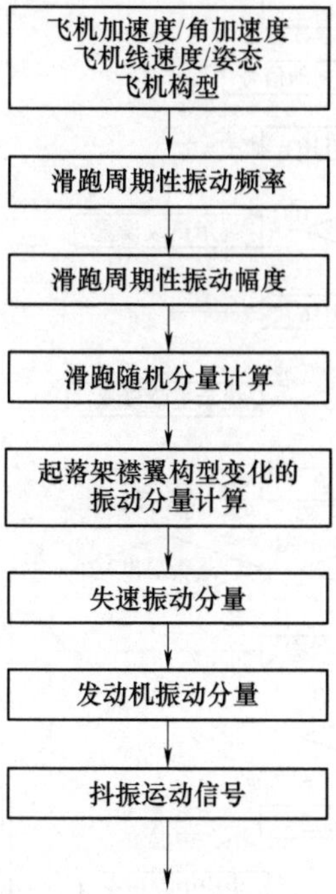

图 6-13 抖振运动信号流程图

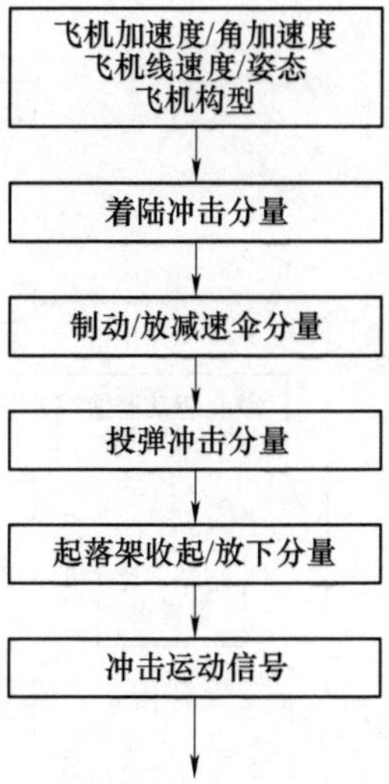

图 6-14 冲击运动信号流程图

（1）硬件设计 安全余量：设计的安全系数均在 2.5 以上，电机能承受的烧毁熔断电流（≥600A）超过控制器输出电流最大值；断电保护：断电后气悬浮系统与电机制动系统同时启动，减小因断电造成的平台冲击；运动限位：动作筒上的限位传感器保证动作筒不会出现超行程情况，并在电动缸两端均安装有缓冲器，防止运动超限后对缸产生冲击。

（2）软件设计 快速运动（当运动使飞行员感受到的加速度大于 $0.1g$ 时称为飞行模拟器的快速运动）：软件限制运动系统不会产生不被允许的快速运动，且运动软件能自动处理飞行仿真过程中状态的突变，包括教员台的复位、改变飞行科目等情况，确保状态之间的平稳过渡；状态检测：软件运行当中不断对通信状态和系统的跟随情况进行检测，当状态出现异常时，系统自动停止平台运动，需人工重新启动后才恢复运行，或利用气悬浮系统控制平台平稳回到安全位置。

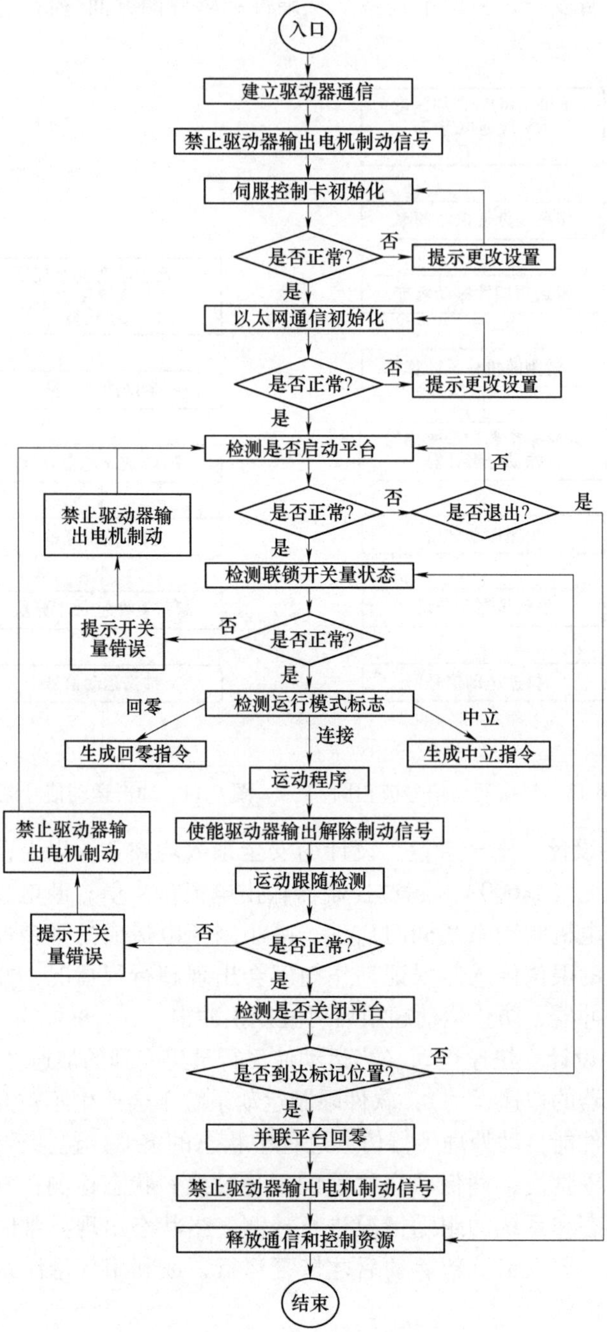

图 6-15　并联平台运动管理流程图

10. 可靠性设计

并联平台系统的可靠性和安全性对设备和人员安全的影响非常大，尤其是在部件失效和系统状态变化时，必须保证绝对安全。其可靠性设计重点考虑如下几个方面：

1）确保电动缸的可靠性。电动缸的滚珠丝杠在机械强度满足要求的情况下，其失效方式是疲劳，属于渐变的过程，首先表现为噪声异常增加，越接近破坏现象越明显。所选滚珠丝杠的理论寿命在45000km以上，按20年寿命计算，其工作强度相当于电动缸24h不停地在两端之间做频率为0.1Hz的运动。因此，丝杠的可靠性可以满足要求。

2）确保电机正常工作。其措施主要包括：驱动器最大输出负载电流不超过电机的损坏电流，因此电机有足够的抗电冲击的能力；机械方面，电机转子承受轴向不小于4g、径向不小于20g的振动加速度，由于电机与丝杠之间采用了先进的联轴器，丝杠的轴向负荷对电机轴几乎没有影响；热负荷方面，电机温度超过135℃，驱动器就会保护电机，使其减小转速直到停止输出。因此，电机本身的抗冲击和过载能力，加上驱动器的限制，使得工作中失效的概率很小。

3）可靠的断电保护设计。由于丝杠摩擦力很小，当电机断电时，在负载作用下电机被丝杠带动转动，同时负载下落，这是不允许的。因此，电机加装了常闭制动装置，在没有电信号解除制动之前，自动将电机轴抱死，防止反向驱动。实际接线中由驱动器控制制动装置的开合，只有驱动器的24V直流电正常，才有可能将制动器解除，并且一旦检测到电机跟随动作异常，可以立即制动。因此，任何情况下不会由于电机保护或系统断电造成负载自由落下。

4）利用气悬浮系统提高系统寿命。为减轻电动缸的平均负载水平，系统设计了辅助气悬浮系统。而且，紧急情况下断电时气悬浮系统气路改变，起到减振弹簧的作用，从而大大提高了系统寿命和失效安全性。

综上，并联平台运动系统以机构学、控制论、计算机技术等为基础，以计算机控制并联平台的运动来模拟飞行的真实环境，再现真实环境中人体的感觉和各种物理效应，研制了飞行模拟器动感子系统，即大负载六自由度并联电动平台运动系统。

6.3 六自由度并联平台固有频率测试实验

为了对前几章的理论分析进行验证，特别是对动力学数学模型的准确性进行检验，通常可以采用 ADAMS 进行建模，也可以进行实验验证。本书采用后者，以上述研制的并联平台物理样机为对象，通过测试实验与理论计算相对比，验证广义固有频率方程计算的准确性，这样也就间接验证了所建动力学数学模型的正确性。

本测试实验在某研究所完成。根据振动测试理论，采用橡胶锤敲击并联平台产生激励源信号，由 MTI 微型 AHRS 系统加速度计（见图 6-16）测量并采集并联平台的加速度数据传输至计算机，利用 MATLAB 软件对信号进行时域、频域分析，得出并联平台的固有频率值。

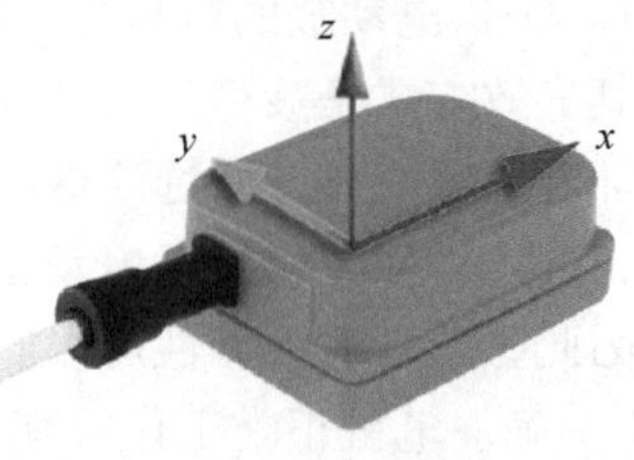

图 6-16　MTI 微型 AHRS 系统加速度计

测试实验设备连接好后，打开电源暖机 15min，对软件 Xsens 进行初始化配置（采样频率、滤波增益、波特率、坐标系及输出模式等）后进行端口扫描，待静止 5s 后便可以开始测试，振动测试时振幅不准超过加速度计的测量幅值范围，否则导致加速度计饱和引起零点漂移；振动频率不准超过加速度计带宽，否则引起测试数据不准确等。由于并联平台工作是从底位开始，因此将底位广义固有频率作为本书理论研究和具体测试的重点。为了获得较好的工作性能，要求底位六个固有频率的整体值高，并且六个固有频率间的差值要小。加速度计测试位置及信号激励方式如图 6-17 所示。图 6-17 中 a、b 表示加速度布置位置，1、2、3、4、5 分别

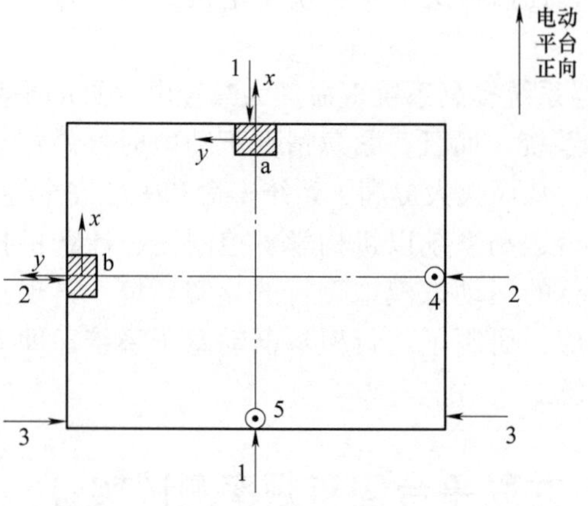

图 6-17　加速度计测试位置及信号激励方式

表示纵向、侧向、偏航、横滚、俯仰五种基本运动的激励方式，其方向由“←”和“⊙”（垂直于纸面向内）表示，由于实验条件所限未能进行升降运动的测试。在测量时同一自由度采取多次测量的方法，并将测量结果经过上述处理得出五个自由度的功率谱密度曲线图，如图 6-18～图 6-22 所示，进而求出并联平台在底位时各自由度的固有频率值，实验测试结果见表 6-1。根据 4. 2. 5 节刚度与固有频率的理论分析计算公式，并代入优化后与物理样机一样的结构参数值和相关数据，利用 MATLAB 软件函数 eig［K，M］，即可求得并联平台的 5 个固有频率，计算结果见表 6-1。

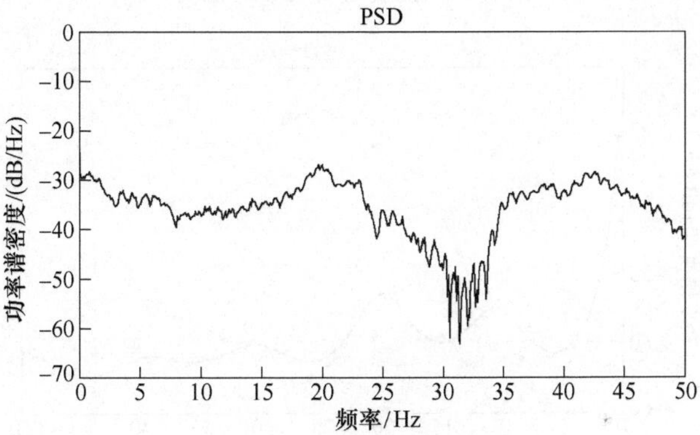

图 6-18　纵向运动功率谱密度

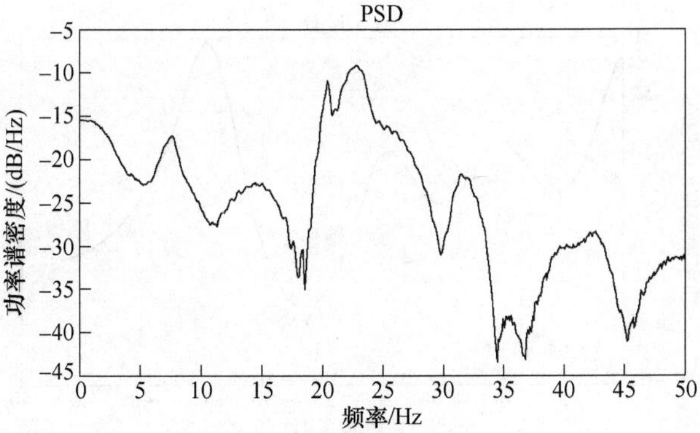

图 6-19　侧向运动功率谱密度

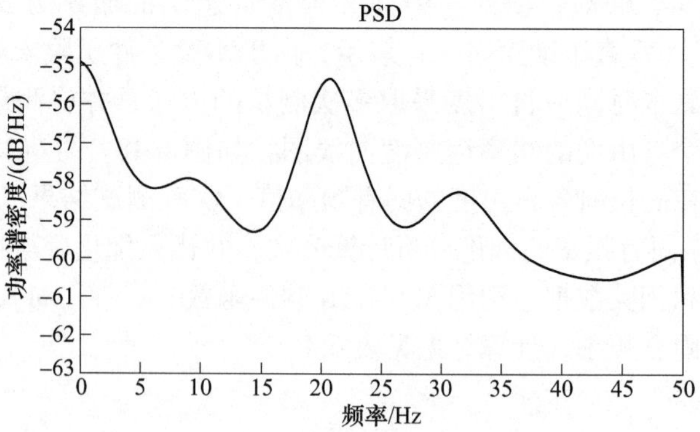

图 6-20　偏航运动功率谱密度

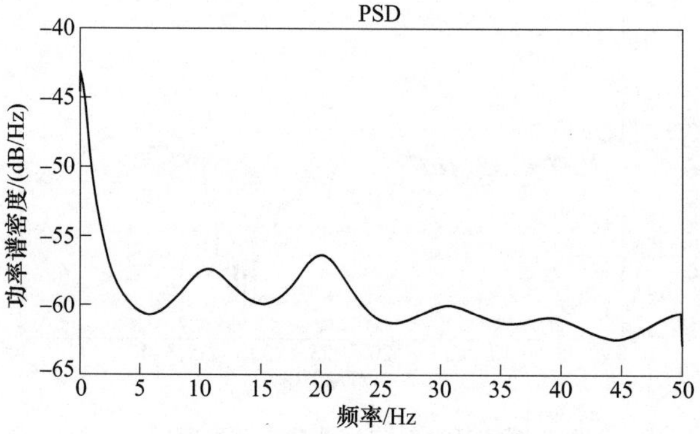

图 6-21　横滚运动功率谱密度

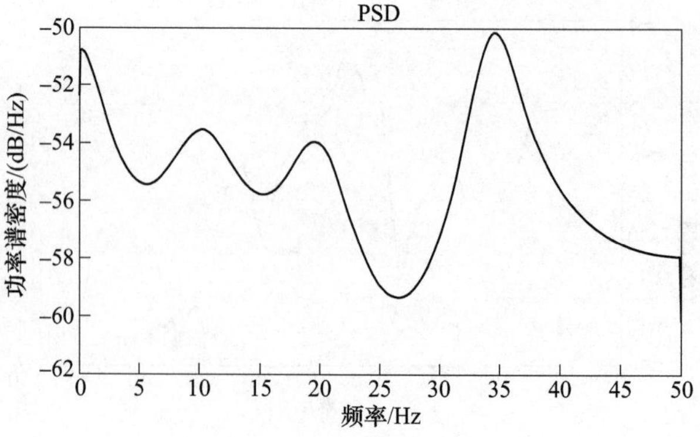

图 6-22　俯仰运动功率谱密度

表 6-1　理论分析与实验测试的固有频率值

平台底位工况	纵向	侧向	偏航	横滚	俯仰
理论分析值/Hz	21.8	23.7	22.2	21.8	37.5
实验测试值/Hz	20.1	22.8	20.6	20.0	34.6
误差（%）	7.8	3.8	7.2	8.0	7.7

由表 6-1 可以看出，理论分析值普遍比实验测试值高，主要原因是测试及信号处理时存在各种不同的误差，但结果比较接近，其误差都在 10% 以内，这说明所建并联平台完整动力学模型与固有频率模型是相对准确的。

由表 6-1 还可以看出固有频率值并非完全相等，但很接近，其中底位俯仰工况相对较大，主要原因是本书所分析的六自由度并联平台具有结构的对称性，但由于电动缸相互间存在刚度耦合导致又有所差别，这也充分说明并联平台存在结构上的耦合性。

总之，以前期所建完整动力学模型为基础，利用多自由度系统振动理论，建立了广义固有频率数学模型，并对平台底位工况位置进行了固有频率数值求解；以新研制的六自由度并联平台动感设备为测试对象，采用脉冲激振法产生激励信号，利用加速度拾振器采集振动信号，使用 MATLAB 软件进行加速度自功率谱密度函数计算，测试出平台六个自由度的固有频率值；结果表明实验测试值与理论分析计算值较为接近，进一步证明了所建各种模型的合理性，同时也为其他型号飞行模拟器并联平台的研发与性能分析提供了有意义的参考。

6.4　六自由度并联平台联合仿真及实验研究

六自由度并联平台动感系统是机械系统与控制系统相耦合的复杂系统，在进行系统分析与设计时，需要兼顾整个系统的动、静态特性，全方位测试分析，将可能存在的缺陷与不足尽早暴露出来并进行处理，争取减少或避免大的返工，从而达到减少开发时间与经济投入、降低开发风险、提高设计效率和质量的目的。在前面建好虚拟样机与实物样机的基础上，为了达到对所设计控制器的验证以及整机性能分析的目的，本节采用虚拟样机协同式联合仿真和物理样机控制策略实验的双重方法进行测试。

6.4.1　协同式联合仿真原理分析

单纯用 CATIA 进行分析，只能进行三维建模和简单的机构运动学分析；

单纯用 ADAMS 将面临控制系统较难输入的问题；单纯用 MATLAB 则需要进一步求解复杂机械系统的传递函数关系表达式。如果将三者结合起来，采用功能强大的 CATIA 进行机械系统建模，采用 ADAMS 进行动力学系统建模，采用 MATLAB/Simulink 模块进行控制系统建模，以 ADAMS 平台为基础，充分发挥三者的特点与优势，建立整体的机电一体化仿真模型，则能更好地体现虚拟样机仿真实验的优势。但三者结合的关键是如何实现联合仿真软件间的数据通信问题，即数据间的无缝交换及参数如何设置等。

实现多专业领域协同式仿真的方式主要有三种：第一种是联合式仿真，即仿真软件在运行之前先定义好数据的各种耦合关系并建立连接，仿真运行时耦合的数据以进程间通信（IPC）或网络间通信的方式，实现各软件间数据的双向交换和调用；第二种是模型转换，即主要通过仿真软件间模型的转化，生成其他仿真软件所支持且包含模型所有信息的数据文件或动态链接库文件等，进一步实现模型间转换式协同仿真；第三种是求解器式集成仿真，即通过在不同仿真软件间实现求解器集成，并彼此互相调用集成的求解器，最终完成协同仿真任务。本书采用前两种相混合的方式进行联合仿真，但不是在各部门网络间而是在同一台计算机中进行的联合式仿真。

CATIA 与 ADAMS 兼容的文件格式有：STEP 格式、Parasolid 格式和 IGES 格式。CATIA 可以将这几种文件格式导出为 ADAMS 所用，但导入 ADAMS 中后是一个整体的单独物体，无法实现各部件间约束设置和边界条件设定。如果把各部件在 CATIA 中拆开，分批次导入 ADAMS，然后在 ADAMS 中进行各部件的装配，再定义各种约束，虽然可行却失去了联合建模的意义，因为 ADAMS 机械建模及零部件装配比较困难，可视化较差，复杂程度高且工作量也较大。为了实现 CATIA 与 ADAMS 之间数据的无缝交换，Dassault Systemes 公司开发了 MSC SimDesigner 软件。本书应用的是 MSC SimDesigner R2 for CATIA V5R17 版本，利用 CATIA V5R17 中嵌入的 SD Motion Workbench 模块，为模型添加各种约束等信息，生成与实际样机相一致的机械系统虚拟样机模型，并用该模块中的“Export to ADAMS”将 CATIA 中的虚拟样机模型文件转换成 ADAMS 所需的 *. cmd 格式数据文件，实现两软件间数据的无缝连接，即通过该接口软件实现了 CATIA 与 ADAMS 的协同式建模与仿真。

MATLAB 与 ADAMS 有两种交互仿真分析方式：一种是利用 ADAMS/View 或 ADAMS/Solver 程序同 MATLAB 有机连接起来，进行机电一体化系统联合仿真，但只能解决简单的控制问题；另一种是将 ADAMS 机械系统虚拟样机引入 MATLAB，作为 MATLAB 中的一个数据模块进行联合仿真。本书采用后一种方法，这样既可以实现机械模型与控制模型的联合仿真，又可以实现复杂控制系统的实时调整与修改。

要实现 MATLAB 与 ADAMS 之间数据无缝交互联合式仿真，主要步骤为：构造 ADAMS 虚拟样机模型；确定 ADAMS 的输入输出；MATLAB 中构造控制系统流程图；机电系统联合式仿真分析。为了实现 MATLAB-ADAMS 的集成，需要分别按照各自的要求，定义相互之间的控制逻辑以及输入输出关系。具体操作步骤如下：

1）启动 ADAMS/View 程序，建立功能虚拟样机模型，本书是从 CATIA 中导入。

2）在 ADAMS 中运行功能虚拟样机模型，进行静力学、运动学、动力学等相关仿真分析，确认机械系统建模正确。

3）解除某些运动，开始向样机模型添加控制系统。

4）定义输入、输出变量为状态变量，并利用函数 VARVAL（状态变量定义命令函数）表示模型中的相关元素。

5）启动 ADAMS/Controls 模块。

6）在 ADAMS/Controls/Plant Export 中定义输入、输出变量，并选好控制分析软件，完成定义以供其他控制程序使用。

7）ADAMS/Controls 将输入和输出信息生成三个文件：＊. m 文件（MATLAB 程序），主要提供了 MATLAB 与 ADAMS 的互访变量；＊. cmd 文件（ADAMS/View 命令文件），主要提供了虚拟样机动力学模型资料；＊. adm 文件（ADAMS/Solver 命令文件），主要提供了 ADAMS/Solver 数据设置信息。

8）启动 MATLAB 程序，设置工作目录为当前工作目录，并将所有文件存储到该目录下，运行＊. m 文件。

9）在 MATLAB 提示符下输入“adams_sys”命令，生成 adams_sys. mdl 文件，该文件包含了三个模块：State-Space、S-Function 和 adams_sub。其中，adams_sub 模块包含了输入、输出端口信息，是 MATLAB/Simulink 建模时的接口模块。

10）把 adams_sub 模块作为一个功能模块，在 MATLAB/Simulink 中搭建控制系统。

11）设置仿真参数，运行仿真程序，绘制仿真曲线，分析仿真结果。

基于上述分析，得到 CATIA-ADAMS-MATLAB 相耦合的系统原理图，如图 6-23 所示。

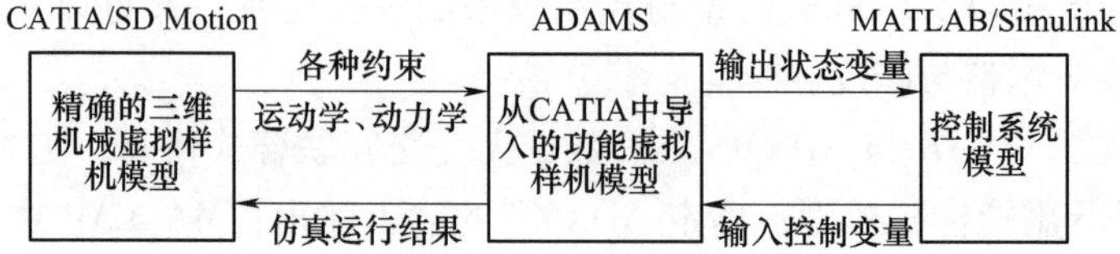

图 6-23　CATIA-ADAMS-MATLAB 相耦合系统原理图

6.4.2　并联平台控制策略验证

1. 基于实物样机控制策略的实验分析

由于六自由度并联平台是为大负载飞行模拟器运动系统提供动感的设备，考虑到人员与设备的安全性问题，目前在飞行模拟器上采用的控制方法仍为工程上应用最广泛的 PID 控制，即采用本书 5.2 节所分析的基于铰点空间前馈补偿 PD 小闭环控制策略，其实物样机如图 6-2 所示。其并联平台系统软件控制模型的工作情况为：嵌入式 PC 根据飞行状态，计算出当前所需的各个电动缸长度，并转换成速度和位置指令，按照六轴协同运动的需要和设定的运动情况，自动生成控制指令并通过 CAN 通信模块发送至伺服驱动器；伺服驱动器按照接收到的指令控制电动缸运动；电动缸内置的多圈编码器经倍频后实时检测各个电动缸的当前长度，且反馈给伺服驱动器，并通过 CAN 通信模块回传至嵌入式 PC，控制软件实时监控并联平台的运行状态，实现小闭环控制。但在紧急或发生故障的情况下，驱动器自动停止输出，制动机构将电机输出轴抱死，并联平台停在当前位置，同时气悬浮系统也会封闭气弹簧与储气罐间的回路，确保系统安全制动。

下面就对并联平台系统基于运动学模型铰点空间的控制策略进行研究。由于篇幅所限，仅对并联平台绕 X 轴转动时两种控制方法的阶跃响应与正弦响应进行分析。

首先进行阶跃响应分析，观察系统模型的响应速度、稳定性等动态响应特性。根据控制器参数的调节规律，经过多次调节 PID 控制器参数，则得到并联平台绕 X 轴转动时 PID 控制系统阶跃响应动态仿真曲线，如图 6-24 所示；用同样的方法，对前馈补偿 PD 控制器进行参数试调，则得到并联平台绕 X 轴转动时前馈 PD 控制系统阶跃响应动态仿真曲线，如图 6-25 所示。

由图 6-24 和图 6-25 可以看出，并联平台铰点空间运动学模型在前馈 PD 控制的校正下，系统动态特性明显得到改善，调节与上升时间变短，稳定性也得到提高。

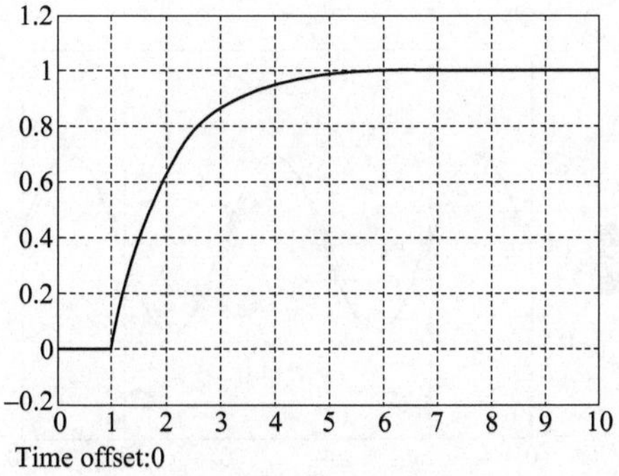

图 6-24 绕 X 轴转动 PID 控制阶跃响应动态仿真曲线

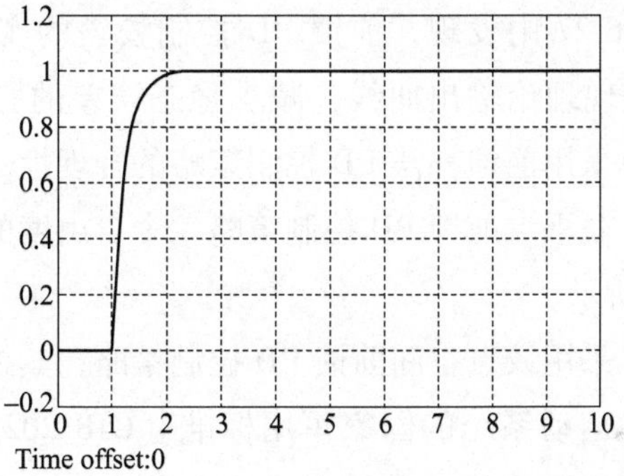

图 6-25 绕 X 轴转动前馈 PD 控制阶跃响应动态仿真曲线

其次，继续对两种控制方法采用正弦响应进行仿真分析，则得到并联平台绕 X 轴转动时两种控制方法的正弦响应曲线分别如图 6-26、图 6-27 所示。

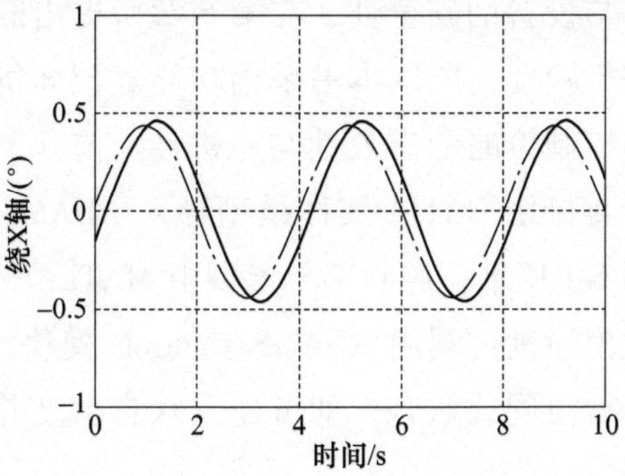

图 6-26 PID 控制正弦响应曲线

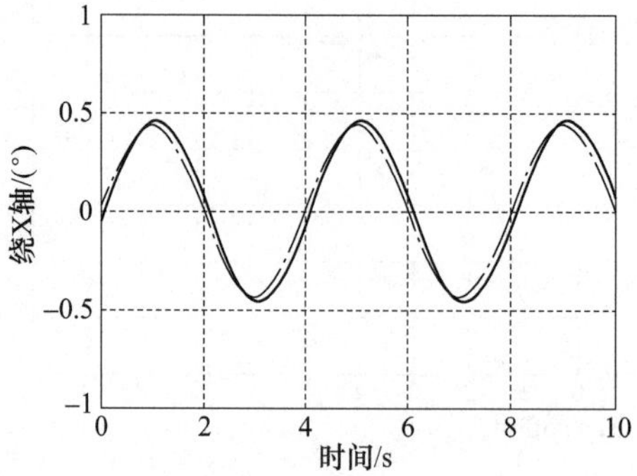

图 6-27　前馈 PD 控制正弦响应曲线

从图 6-26 与图 6-27 中发现，前馈 PD 控制校正的实际位移输出曲线较 PID 控制能更好地复现理论输出曲线，减小稳态误差的影响。这些也充分说明了工程中实物样机采用前馈补偿 PD 控制策略的合理性。为了能从整体上观测其控制情况，对并联平台前馈 PD 控制策略六个自由度的轨迹进行仿真，其仿真结果如图 6-28 所示。

综合上述分析，采用铰点空间前馈 PD 控制策略，其控制性能虽符合我国飞行模拟器六自由度运动系统的国家军用标准（GJB 2021—1994）规定，也能够达到飞行模拟器研制项目的招标要求（见附录），但系统的响应速度较慢，轨迹跟踪精度也偏低，处于各指标的临界值，因此有必要对控制策略继续进行改进。

2. 基于虚拟样机控制策略的联合仿真分析

由于考虑到人员与设备的安全性，在第 5 章所提出的复杂集成控制策略未能在实物样机中进行验证，所以本书采用功能虚拟样机协同式联合仿真的方法来实现与验证其控制策略的有效性与先进性。前几节中已分别建立了各系统模块，机械部分直接由 CATIA 实体模型导入 ADAMS 中，形成机械系统虚拟样机模型，如图 6-1 所示；控制部分模型由 MATLAB/Simulink 搭建完成，依据 6.4.1 节联合建模原理，利用 ADAMS/Controls 模块与 MATLAB/Simulink 工具箱将两个系统进行协同式联合，即可建立六自由度并联平台机电一体化仿真系统。

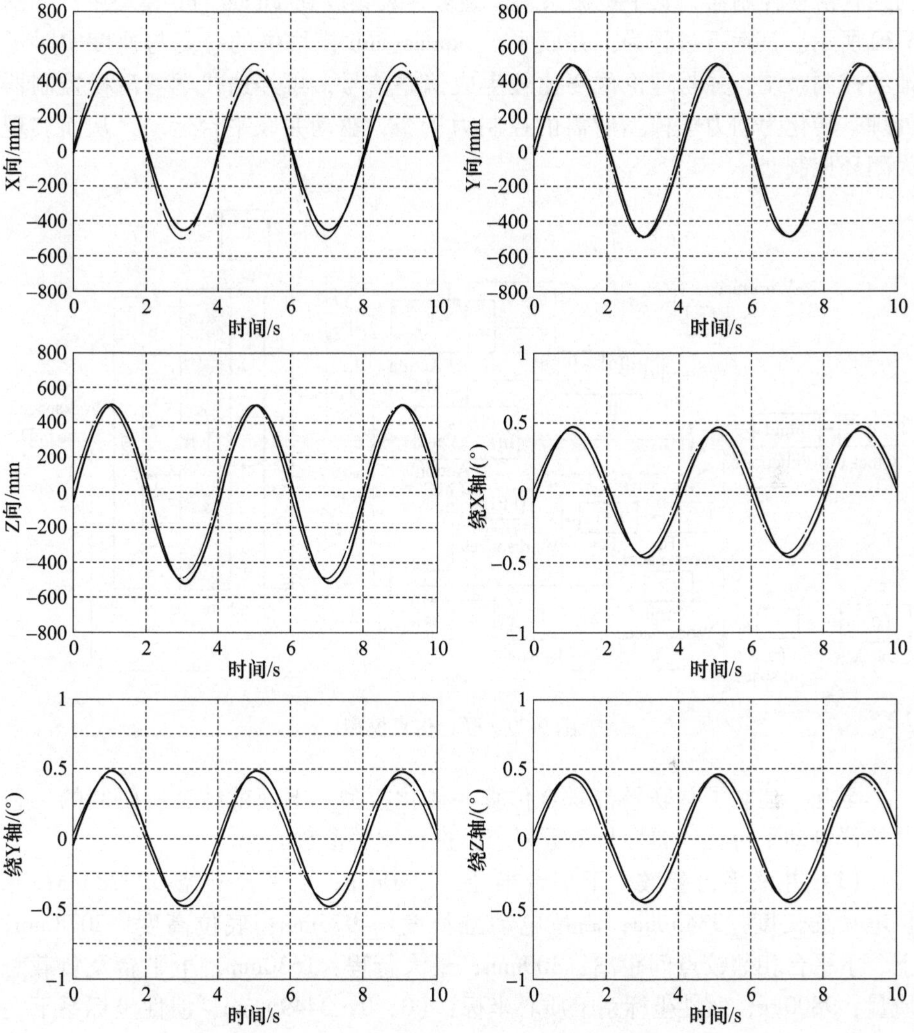

图 6-28 并联平台前馈 PD 控制正弦响应曲线

在联合仿真模型搭建的过程中，首先要在 ADAMS 中设定状态变量：应用数据单元 VARVAL 函数定义六个电动缸的驱动力为输入变量；应用位移函数 DZ 与速度函数 VZ 定义各个电动缸的伸缩长度与伸缩速度为输出变量；应用位移函数 DX、DY、DZ、YAW、PITCH、ROLL 定义上平台的实际位姿，为控制系统提供实时反馈数据；然后运行 MATLAB 中的“adams_sys”命令，再利用 MATLAB/Simulink 搭建整个联合仿真模型，如图 6-29 所示，图中虚线部分为迭代滑模控制器，其中机械系统模型被封装集成到 adams_sub 模块中，如图 6-30 所示。其运行过程为：并联平台 adams_sub 模块中的位姿与速度实时反馈给控制系统，并与理论位姿比较生成偏差信号，再经迭代学习滑模控制器处理，转化为动力学模型所需的控制力指令，驱动并联平台运动，从而实现大闭环控制。

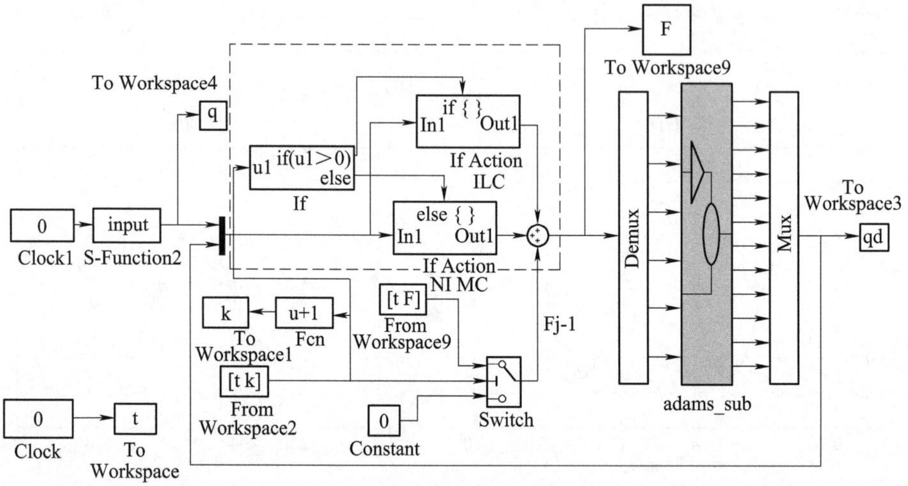

图 6-29　联合仿真模型

至此，建立了并联平台联合仿真一体化模型。下面就结合所研制的飞行模拟器电动平台各种属性与参数要求，进行相关参数配置。

（1）并联平台参数　下平台半径：3240mm；上平台半径：2228mm；底位电动缸长度：3345mm；高位电动缸长度：4975mm；底位高度：2078mm；上、下平台相邻铰点间距离：300mm；最大行程：1630mm；上平台及负载总质量：9800kg；惯性坐标系下质心坐标：（0，0，3449）mm；惯性坐标系下的转动惯量：

$$I_{\mathrm{p}}=\begin{bmatrix}120577 & 0 & 0\\ 0 & 146230 & 0\\ 0 & 0 & 135647\end{bmatrix}(\mathrm{kg}\cdot\mathrm{m}^2)$$

（2）电动缸与滚珠丝杠参数　电动缸质量为 500kg，外筒直径均值为 290mm，内筒直径均值为 242mm，连体坐标系下质心坐标为（1500，0，0）mm；滚珠丝杠质量为 200kg，直径均值为 128mm，连体坐标系下质心坐标为（-1000，0，0）mm。

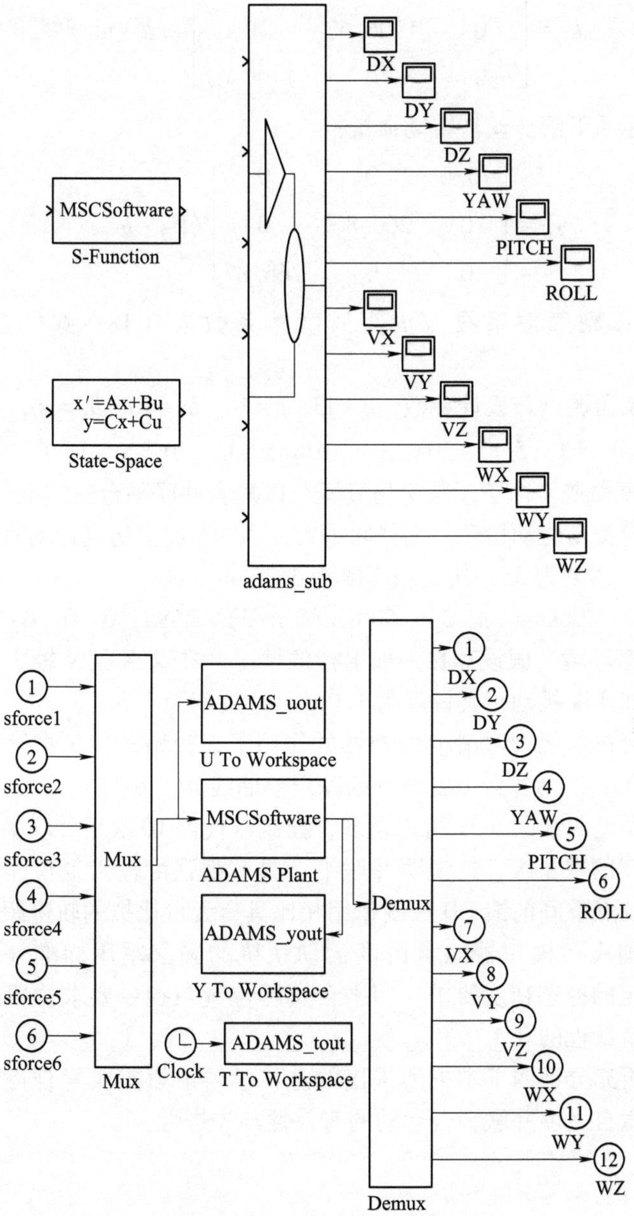

图 6-30 被导出与被封装的 adams_sub 模块图

连体坐标系下电动缸转动惯量

$$J'_{\mathrm{d}}=\begin{bmatrix}40.92 & 0 & 0\\ 0 & 1706.67 & 0\\ 0 & 0 & 1706.67\end{bmatrix}(\mathrm{kg\cdot m^2})$$

连体坐标系下滚珠丝杠转动惯量：

$$J'_{\mathrm{u}}=\begin{bmatrix}15.6 & 0 & 0\\ 0 & 266.87 & 0\\ 0 & 0 & 266.87\end{bmatrix}(\mathrm{kg\cdot m^2})$$

（3）铰接副摩擦系数 虎克铰摩擦系数为 0.18；圆柱铰摩擦系数为 0.17。

（4）控制器调试与设计参数 $q=13$，$p=16$，$b_0=23$，$b_1=36$，$b_2=40$，$\lambda=10^4\mathrm{diag}(40\quad 40\quad 400\quad 5\quad 5\quad 10)$，$\gamma=10^3\mathrm{diag}(10\quad 10\quad 20\quad 1\quad 1\quad 2)$。

（5）仿真轨迹 由于圆轨迹仿真既可以检查并联平台三维空间定位精度，还能检验平台重复运动精度，则并联平台在 XY 平面上仿真运动轨迹为圆，半径为 500mm，周期为 3s，其 Z 轴高度为 3585mm，即

$$q=[500\cos(2\pi t/3)\quad 500\sin(2\pi t/3)\quad 3585\quad 0\quad 0\quad 0]^{\mathrm{T}}$$

（6）仿真环境 假设存在外部干扰的情况，在动平台 X 轴方向施加一个持续的正弦加速度扰动，其幅度为 $1.0\mathrm{m/s^2}$，周期为 0.5s。

并联平台在迭代学习滑模控制器的作用下，初始条件选在圆周上，仿真步长定为 0.001s，则各自由度轨迹跟踪误差曲线如图 6-31 所示。

从轨迹误差曲线图 6-31 可以发现，控制迭代到 10 次后并联平台跟踪精度就达到了 10^{-4} 的数量级，这说明并联平台具有很强的输入复现能力，与实物样机所用的铰点空间前馈 PD 控制作用相比具有无可比拟的轨迹跟踪性能，也远远超过我国飞行模拟器六自由度运动系统的国家军用标准（GJB 2021—1994）中规定的稳态精度要求，即平台实际位置与指令要求位置之间的稳态误差应小于全量程的 0.1%。

以上分析充分证明了本书所提出的迭代学习滑模集成复合控制算法控制飞行模拟器六自由度并联平台运动的有效性与先进性。

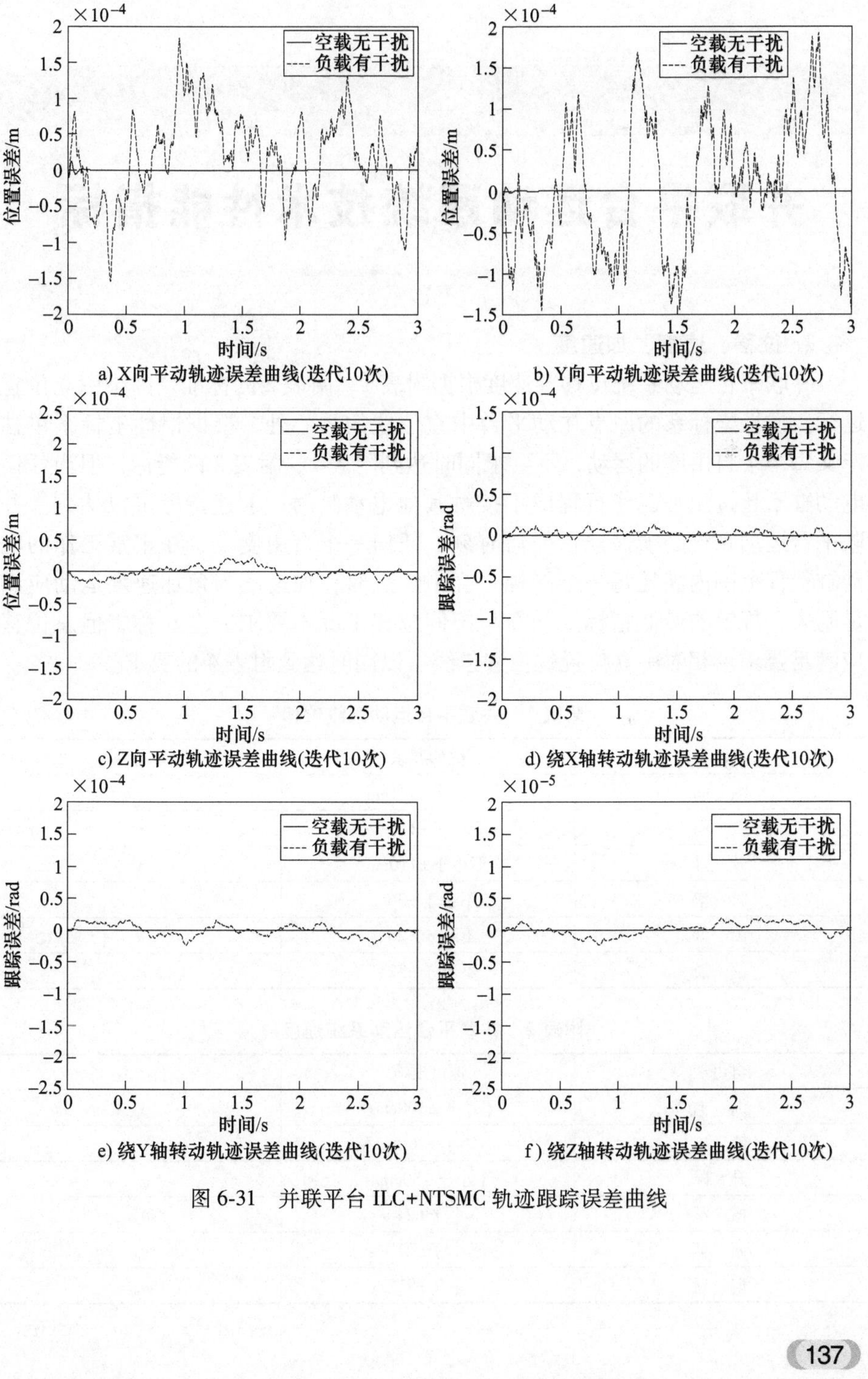

a) X向平动轨迹误差曲线(迭代10次)　b) Y向平动轨迹误差曲线(迭代10次)

c) Z向平动轨迹误差曲线(迭代10次)　d) 绕X轴转动轨迹误差曲线(迭代10次)

e) 绕Y轴转动轨迹误差曲线(迭代10次)　f) 绕Z轴转动轨迹误差曲线(迭代10次)

图 6-31　并联平台 ILC+NTSMC 轨迹跟踪误差曲线

附录

并联平台运动系统技术性能指标

1. 位移、速度、加速度

并联平台运动系统位移、速度根据附表1、附表2的标准，围绕中立位置运行。惯性坐标系的原点在动平台中立位置的重心处，根据惯性坐标系单独定义每一个自由度的运动，不要求同时达到附表1、附表2的指标，但当任何电动缸不超过正常工作行程或不接触其他电动缸时，上述指标可以达到。并联平台运动系统必须保证在任何时刻、任何一个自由度上，在正常工作的电动缸行程范围内满足每一个指标。绕中立点时，加速度与角加速度运动应满足附表3规定的最低指标。升降与俯仰位移工况不要求完全对称，但总位移应满足要求。相对中立位置的位移包线可以同时达到附表4的要求。

附表1　并联平台运动系统位移

自由度	位移要求	备　注
纵　向	不小于±141cm	x
侧　向	不小于±116cm	y
升　降	不小于±110cm	z
横　滚	不小于±26°	ϕ
俯　仰	不小于±28°	θ
偏　航	不小于±32°	φ

附表2　并联平台运动系统速度

自由度	速度要求	备　注
纵　向	不小于±100cm/s	$\dot{x}$
侧　向	不小于±100cm/s	$\dot{y}$
升　降	不小于±80cm/s	$\dot{z}$
横　滚	不小于±24°/s	ω_{px}
俯　仰	不小于±21°/s	ω_{py}
偏　航	不小于±27°/s	ω_{pz}

附表 3 并联平台运动系统线加速度与角加速度

自由度	加速度要求	备 注
纵 向	不小于±700cm/s²	$\ddot{x}$
侧 向	不小于±700cm/s²	$\ddot{y}$
升 降	不小于±800cm/s²	$\ddot{z}$
横 滚	不小于±150°/s²	ε_{px}
俯 仰	不小于±150°/s²	ε_{py}
偏 航	不小于±150°/s²	ε_{pz}

附表 4 并联平台运动系统同时位移量

自由度	同时位移量要求	备 注
纵 向	不小于±15cm	x
侧 向	不小于±15cm	y
升 降	不小于±15cm	z
横 滚	不小于±4°	ϕ
俯 仰	不小于±4°	θ
偏 航	不小于±4°	φ

2. 稳定性

并联平台运动系统在任何一个稳态位置或常值速度下，或当伺服机构有负载时必须保证稳定。

3. 稳态精度

并联平台运动系统实际位置与指令要求位置之间的稳态误差应小于全量程的 0.1%。

4. 阻尼

对一个频率为 0.2Hz、幅值为最大位移 5%的方波输入信号，动平台每一个自由度位移的响应应无超调，或超调量不大于 5%，超调次数不大于 1。

5. 阶跃响应

输入频率为 0.2Hz、幅值为每一个自由度最大位移 5%的方波信号，要求并联平台运动系统响应方波信号的滞后时间应小于 0.05s。

6. 平滑度

当任何一个或全部电动缸动作筒的频率为 0.5Hz、幅值为最大位移 10%的正弦输入信号驱动一个或全部电动缸动作筒时，加速度瞬时噪声峰值不大于 0.2m/s^2。

7. 交叉耦合影响

当被驱动电动缸动作筒的幅值是满量程的 10%时，未被驱动的伺服电动缸产生的交叉耦合运动量应不超过被驱动运动幅值的 2%。

8. 漂移

连续运行 12h 以上，任何一个伺服机构的位置漂移不应超过满量程的±1%。

9. 同步

由并联平台运动系统提供的动感和来自飞行模拟器其他系统如抗荷服、音响系统、视景系统、座舱内仪表等的感觉或指示同步，不应有明显的延时误差。

10. 固有频率

并联平台运动系统的最低固有频率应大于 5.0Hz，设计上应采取措施，避免在固有频率上激发共振。